Ing kann jeder!

Erfolgreich studieren und Ingenieur werden!

Inklusive fachspezifischen Einführungen und Tipps

Albert Wolf

2.Auflage

ISBN: 978-3-96891-071-0

Inhaber: Julius Robert Wolff
Hindenburgstraße 17, 31832 Springe
Kontakt: info@schinken-verlag.de

ING KANN JEDER

Ingenieur werden

Wenn ich auf meine Schulzeit zurückblicke, überkommen mich viele schöne Erinnerungen – von unvergesslichen Freundschaften über heitere Schülerstreiche bis hin zur wertvollen Freizeit. Doch es gab auch Schattenseiten: Meine Leistungen in Mathematik waren oft dürftig, und generell würde ich mich als eher durchschnittlichen, manchmal leistungsschwachen Schüler beschreiben. Vor allem war ich ziemlich faul. Sogar die neunte Klasse musste ich wegen unzureichenden Leistungen in den Naturwissenschaften wiederholen. Aber ich habe es dennoch geschafft – heute bin ich nicht nur Ingenieur, sondern arbeite sogar an meiner Promotion.

Als wissenschaftlicher Mitarbeiter habe ich nun die Gelegenheit, das Studium aus der anderen Perspektive zu betrachten. Ich entwerfe und korrigiere Prüfungen und gestalte Lehrveranstaltungen, wodurch ich tiefgründige Einblicke in die Rollen sowohl des Studierenden als auch des Lehrenden erhalte. Diese Erfahrung hat mir gezeigt, worauf es beim Lernen wirklich ankommt und welche Aspekte im Bildungssystem von Bedeutung sind.

Es stimmt, dass die Ingenieurwissenschaften als einer der anspruchsvollsten Studiengänge in Deutschland gelten. Doch die Wahrheit ist, dass du für den Erfolg im Ingenieurstudium keine übermenschlichen Anstrengungen unternehmen musst – obwohl das oft von der Öffentlichkeit und der universitären

Umgebung suggeriert wird. Lass dich also nicht einschüchtern und glaube an deine Fähigkeiten! Mit Fleiß, Durchhaltevermögen und einer klaren Strategie kannst du deine Ziele erreichen und deinen Traum verwirklichen.

Doch bevor wir weitergehen, stellt sich eine zentrale Frage: Wie ist es möglich, und wie konnte es mir gelingen, ein Studium erfolgreich abzuschließen, obwohl das Schulsystem mir vermittelt hat, dass Naturwissenschaften nicht meine Stärke sind? Genau diese Frage möchte ich in diesem Buch beantworten und beweisen, dass wirklich jeder ein ingenieurwissenschaftliches Studium meistern kann, solange er sich an die hier vorgestellten Tipps hält und dabei Ehrgeiz und Fleiß an den Tag legt.

Ich werde dies am Beispiel des Maschinenbau-Studiengangs demonstrieren, den ich selbst erfolgreich abgeschlossen habe. Selbstverständlich sind die vorgestellten Lernstrategien auch auf andere technische Studiengänge übertragbar, zumal es in vielen Fächern Überschneidungen gibt. Dieses Buch ist bewusst einfach und verständlich verfasst, um die scheinbar komplexen Inhalte so unkompliziert wie möglich zu erklären. Denn leider mangelt es an vielen Universitäten an einer verständlichen Vermittlung des Stoffes.

In diesem Buch steht jedoch nicht das fachliche Wissen im Vordergrund, sondern die Organisation des Studiums. Im Gegensatz zur Schule, wo Abläufe und Themen vorgegeben sind, wird an der Universität dein Selbstmanagement, Organisationstalent und eigenständige Arbeitsweise auf die Probe gestellt. Was früher „automatisiert" ablief, muss nun selbstständig bewältigt werden.

Die zehn vorgestellten Tipps für dein Ingenieurstudium beleuchten viele der Fehler, die Studienanfänger häufig machen. Durch das Aufzeigen dieser Stolpersteine und die Bereitstellung von hilfreichen Lösungsansätzen soll dir der Weg zum erfolgreichen Abschluss deines Ingenieurstudiums geebnet werden.

Ich bin überzeugt davon, dass jeder, der die Ratschläge dieses Buches verinnerlicht, ein Maschinenbau- oder ähnliches Ingenieurstudium mit Leichtigkeit bewältigen kann und dabei noch genügend Zeit findet, anderen Hobbys und Interessen nachzugehen. Selbstverständlich kann das Buch nicht den vollständigen Inhalt eines technischen Studiums abdecken, aber es bietet einen soliden Einstieg in die Thematik und zeigt dir, wie du deinen Studienweg am besten angehst!

Falls du dir noch unsicher bist, ob ein Studium wie Maschinenbau, Elektrotechnik oder Bauingenieurwesen die richtige Wahl für dich ist, empfehle ich dir, dieses Buch als ersten Schritt zu lesen. Dadurch erhältst du wertvolle Einblicke und Orientierung, um eine fundierte Entscheidung über deine zukünftige akademische Laufbahn zu treffen.

Die ermutigende Nachricht ist: Um ein tiefgehendes Verständnis für höhere Mathematik und Physik zu erlangen, braucht man keine außergewöhnliche Begabung. Ich selbst bin der lebende Beweis dafür. Eine durchschnittliche geistige Begabung ist in den Ingenieurwissenschaften völlig ausreichend, denn hier steht die technische Anwendung der Naturwissenschaften im Vordergrund, und Mathematik dient lediglich als hilfreiches Werkzeug.

Als Ingenieur eröffnen sich dir in unserer hochtechnisierten Welt großartige Jobperspektiven für eine innovative Zukunft. Du kannst mit einem überdurchschnittlichen Gehalt rechnen – Absolventen verdienen im Schnitt 67.000 Euro brutto im Jahr – und du trägst zu einer bedeutenden und nützlichen Aufgabe bei. Viele Menschen hadern irgendwann mit der Frage nach dem Sinn des Lebens, und eine wichtige, sinnvolle Arbeit zu finden, ist oft die beste Antwort darauf. Doch fangen wir von vorne an.

Mein Werdegang nach der Schule

2006 war ein Meilenstein in meinem Leben, als ich stolz mein Abiturzeugnis in den Händen hielt. Anstatt mich auf ein schwieriges Gymnasium zu begeben, wählte ich bewusst eine einfachere Route, da ich nicht der größte Fan von Lernen und Hausaufgaben war. Meine Entscheidung zahlte sich aus und obwohl ich „nur" mit einer 2,7 abschloss, war ich glücklich, dass ich es geschafft hatte. Endlich konnte ich studieren, was mir wirklich Freude bereitete, wie Geografie, Musik oder Journalismus. Es war der Beginn einer aufregenden Reise voller Möglichkeiten und Chancen, dachte ich. Dann holte mich jedoch die Realität ein.

Die Enttäuschung kam, als ich erkannte, dass meine Wunschfächer durch den Numerus Clausus begrenzt waren. Meine Abiturnote war einfach nicht gut genug, um direkt ein Studium meiner Wahl zu beginnen. Statt lange zu warten, entschied ich mich für naturwissenschaftliche Fächer, die nicht durch den NC eingeschränkt waren. Ich durchsuchte die verschiedenen technischen Studiengänge, um herauszufinden, welcher Studiengang am wenigsten naturwissenschaftliche Inhalte beinhaltete (was für ein Widerspruch!). Irgendwann landete ich bei dem Studiengang Berufsschullehramt und suchte mir die Fächer Politik und Ökotrophologie (Ernährungswissenschaften) aus. Obwohl ich eigentlich nie Lehrer werden wollte, dachte ich, dass vielleicht doch einer in mir schlummern könnte. Leider reichte meine Abi-Note wieder nicht aus (die

Anfangseuphorie meines Schulabschlusses war schon längst verflogen), um Ökotrophologie zu studieren, und ich musste mich für ein anderes Hauptfach entscheiden, das zu diesem Zeitpunkt nicht durch den NC begrenzt war. Zur Auswahl hatte ich nur noch Elektrotechnik und Metalltechnik. Ich entschied mich spontan für Metalltechnik.

Metalltechnik klang für mich einfacher, da ich dachte, dass es „nur" um Metalle geht. Außerdem hatte ich sowieso vor zu wechseln. Mein Plan war, mit dem Nebenfach Politik zu beginnen, die Klausuren zu bestehen und nach einigen Semestern das Hauptfach zu wechseln. Vielleicht würde ich zu einem späteren Zeitpunkt mehr Glück mit der Zulassung haben, da der NC sich immer aus den Bewerberzahlen ergibt und es möglicherweise weniger Studienanfänger gibt. Ich würde es jedes Semester versuchen, bis es klappt, und solange würde ich nur das Nebenfach Politik studieren, dachte ich.

Es kam aber wieder ganz anders, als ich mir das als unerfahrener Studienanfänger ausmalte: Wir hatten zu Beginn unseres Studiums eine Einführungswoche, in der die angehenden Berufsschullehrer mit anderen Studenten mit dem gleichen Hauptfach, nämlich Metalltechnik, zusammengebracht wurden. So lernte ich in der ersten Woche acht motivierte Studenten kennen, die an die Metallberufsschule wollten. Einige hatten schon eine Ausbildung in dem Bereich abgeschlossen und sie wussten ganz genau, was ihr Ziel ist. Nämlich nie wieder im Betrieb ackern, sondern so werden wie ihr damaliger Berufsschullehrer. Das Einfachste in meiner Situation, um den Informationsdschungel Uni zu bewältigen, war es, den hochmotivierten Berufsschullehrern in spe hinterherzudackeln. Politik als Nebenfach hatte auch nur einer von ihnen, der sich aber auch erstmal nur um das Hauptfach Metalltechnik kümmern wollte. Um nicht allein zu bleiben, schloss ich mich ihnen also doch an und hörte mir die technischen Vorlesungen an.

Entgegen meiner Erwartung war das Metalltechnikstudium jedoch mehr als nur ein bisschen „Metallkunde", so dass ich plötzlich in Mathe-, Elektrotechnik- und Mechanik-Vorlesungen saß und kein Wort verstand. Ich bin also blöderweise genau da gelandet, wo ich auf keinen Fall hinwollte.

Wir mussten im Grundstudium fast alle Vorlesungen mit den Maschinenbaustudenten zusammen besuchen. In der Anfangszeit waren immer ca. 600 Leute im größten Hörsaal der Uni anwesend. Beruhigend fand ich, dass meine acht Berufsschullehramts-Mitstudenten auch keine Ahnung von den theoretischen Grundlagen der Naturwissenschaften hatten, was sie aber durch ihre Motivation wieder wettmachen konnten. Ich fing an, mich mit ihnen in den Stoff einzuarbeiten und bekam sehr seltsame Aha-Erlebnisse. So schwierig ist das ja gar nicht, stellte ich fest. Ich begriff immer mehr und nach zwei Semestern wechselte ich sogar in den Studiengang Maschinenbau, denn ich stellte fest, wenn man diese mathematische Sprache lernt, dann ist alles halb so wild. Es kommt darauf an, den Einstieg zu schaffen und dann kann man tatsächlich mit einer Portion Ehrgeiz Ingenieur werden und das sogar ohne sonderlich große Mühe oder besonders hohen Intelligenzquotienten.

Ich teile gerne meine Erfahrungen mit dir und gebe dir Tipps, die oft übersehen werden, um das Studium erfolgreich zu meistern. Ich werde auch auf typische technische Fächer eingehen und dir zeigen, wie du diese effektiv bewältigen kannst. Wenn mir jemand im Studium diese Tipps gegeben hätte, hätte ich wahrscheinlich einige Semester gespart. Das wichtigste Thema, nämlich wie man Klausuren besteht, habe ich sogar ein eigenes Kapitel gewidmet.

Darin habe ich weitere 10 unverzichtbare Tipps zusammengestellt, die dir das Studium einfacher und stressfreier machen werden.

Klausuren an der Uni bestehen

Um ein Modul an der Uni zu bestehen, muss man in der Regel nur eine Klausur bestehen. Die Vorlesungen und Übungen sind zwar wichtig für das Verständnis des Faches, aber in den meisten Fällen wird die Anwesenheit nicht überprüft. Besonders für Ingenieurstudiengänge gilt, dass die Anzahl der Veranstaltungen, an denen man teilgenommen hat, keine Rolle für das Bestehen des Faches spielt. Es gibt allerdings auch einige Laborveranstaltungen, bei denen Anwesenheit Pflicht ist, aber für die meisten theoretischen Fächer genügt es, am Ende des Semesters eine Klausur zu absolvieren. Wenn du dir nicht sicher bist, wie die Regelungen für dein Studium aussehen, solltest du einen Blick in die Prüfungsordnung werfen. Dort findest du alle wichtigen Informationen über die Regeln des Studiums.

Natürlich kann es aber helfen, die entsprechenden Angebote zu nutzen, aber grundsätzlich kann man sich die relevanten Inhalte auch selbst mittels Bücher zuhause oder irgendwo am Strand beibringen. Was am Ende in der Klausur zählt, ist, ob die Inhalte der Veranstaltung bekannt sind – wie du dir diese beigebracht hast, interessiert keinen.

Eine Klausur an der Uni ist oft auch ganz anders aus als eine Klausur in der Schule. Beispielsweise gibt es Überhangklausuren: Das heißt, die Klausuren sind nicht in der vorgesehenen Zeit zu schaffen. Das hat den Vorteil, dass man zum Erreichen der Bestnote nicht alles beantworten braucht, sondern sich die Rosinen aus den Klausurfragen rauspicken kann. Gerade für Studenten, die nicht alle Inhalte gelernt haben, kann das ein Vorteil sein. Zumal der abgefragte Stoff in einer Uni-Klausur in der Regel sehr umfangreich ist. Jeder hat wahrscheinlich den Ausdruck „auf Lücke lernen“ schon mal gehört, was bei Überhangklausuren durchaus üblich ist.

Es ist jedoch wichtig, während der Klausur alle verfügbaren Mittel zu nutzen. Eine wichtige Regel ist es daher, niemals vor Ende der Bearbeitungszeit aufzugeben, da man immer noch versuchen sollte, bei irgendwelchen Aufgaben Teilpunkte zu erzielen. Bis zum Ende der Schreibzeit sollte man „kämpfen", da die Klausur in der Regel einen großen Teil (oft sogar den gesamten Teil) der Gesamtnote des Faches ausmacht. Es lohnt sich auch nicht, an einzelnen Aufgaben festzuhängen - wenn du mit einer Aufgabe nicht weiterkommst, springe zur nächsten und komme später zurück.!

Klausureinsichten sind ein absolutes Muss für jeden Studierenden! Wenn du denkst, dass du die Klausur korrekt bestanden hast und ohne Probleme weiterstudieren kannst, solltest du besser nochmal darüber nachdenken. Anders als in der Schule bekommst du die Klausur nach dem Korrigieren nicht zurück, sondern kannst sie nur an einem separaten Termin einsehen. Auch wenn du dafür möglicherweise deine Sonnenbrille gegen eine Brille mit Sehstärke tauschen musst und vom Strand in den Seminarraum wechseln musst, lohnt es sich auf jeden Fall. Denn es gibt in der Regel keine Qualitätskontrolle bei der Klausurkorrektur und Fehler können passieren.

Wissenschaftliche Mitarbeiter, die oft für die Erstellung der Klausuren zuständig sind, betrachten ihre Arbeit in der Lehre oft als lästige Zusatzarbeit. Daher kann es vorkommen, dass sie nachlässig sind. Deshalb ist es umso wichtiger, dass du dich bestmöglich auf die Klausureinsicht vorbereitest, alle Fragen stellst, die dir einfallen, und hartnäckig bist, wenn es um die Klärung von Bewertungsfragen geht.

Sollte dir die Einsicht zur Klausur verwehrt werden, solltest du nicht aufgeben. Lies den entsprechenden Passus in der Prüfungsordnung nochmal nach und/oder erkundige dich beim Prüfungsamt, ob alles mit rechten Dingen zugeht. Grundsätzlich hat jeder

Studierende das Recht, seine Klausur nochmal einzusehen und die Bewertung nachzuvollziehen. Du bist also im Recht und solltest dich nicht davon abhalten lassen, dein Recht zu nutzen.

Ich selbst habe mehrmals die Erfahrung gemacht, dass mein Klausurergebnis nach einer Einsicht nach oben korrigiert wurde. In einem Fall wurden sogar ganze Seiten vergessen zu korrigieren, was zu einem Anstieg meiner Note um zwei Notensprünge (!!!) führte. Leider war ich dabei kein Einzelfall. Daher solltest du auf jeden Fall zur Klausureinsicht gehen, um sicherzustellen, dass du eine faire Bewertung erhalten hast.

10 Tipps für dein Ingenieurstudium

Die folgenden Tipps sollen dir deinen Einstieg ins Studium und deinen Weg durch Studium erleichtern – vielleicht wird dir der ein oder andere Hinweis als „eh klar“ oder „überflüssig“ erscheinen, allerdings zeigt meine Erfahrung, dass immer wieder die einfachsten Tipps nicht beachtet werden und manches vielleicht doch gar nicht so klar ist, wie man vorher dachte. Das zeigt sich dann daran, dass viele völlig falsch an das Lernen herangehen und deshalb auch an den Prüfungen scheitern!

Tipp 1: Wälze die Prüfungsordnung – es lohnt sich!

Die Prüfungsordnung ist das wichtigste Regelwerk für dein Studium, und du musst sie unbedingt genau kennen. Wenn du nicht weißt, welche Anforderungen an dich gestellt werden, kannst du auch nicht gezielt darauf hinarbeiten. Auch das Verständnis der Bewertungskriterien ist sehr wichtig, um dich optimal auf die Prüfungen vorzubereiten.!

Bevor du mit dem eigentlichen Lernen von Inhalten beginnen kannst, ist es von großer Bedeutung, dass du die Spielregeln deines Studiums verstehst. Dies sollte tatsächlich das Allererste sein, was du im Studium machst! Denn nur wenn du die Rahmenbedingungen verinnerlicht hast, wirst du in der Lage sein, das Beste aus deinem Studium herauszuholen. Hier sind einige Beispiele dazu:

- Es gibt in manchen Prüfungsordnungen tatsächlich die Möglichkeit, Klausuren so oft zu schreiben, wie man möchte! Aber damit das funktioniert, musst du eine gewisse Anzahl an Leistungspunkten pro Semester erreichen. Pro bestandenes Fach gibt es beispielsweise 5

Leistungspunkte, und du musst im Semester 20 Leistungspunkte erreichen. Das ist eine ganz andere Art zu studieren, als wenn du nur begrenzte Versuche hättest. Mit einer solchen Prüfungsordnung könntest du dich einfach in so viele Klausuren reinsetzen, wie du willst! Das bedeutet, dass es keine Konsequenzen hat, wenn du durchfällst. Selbst wenn du nicht so viel gelernt hast, ist es sinnvoll, sich die Klausur zumindest mal anzusehen oder vielleicht sogar einen Glückstreffer zu erzielen. Wenn du während der Klausur ein bisschen Erfahrung gesammelt hast, kannst du sogar abschätzen, welche Note du erreichen wirst. Und hier kommt der Clou: Wenn du mit deiner Note nicht zufrieden bist, kannst du deine Lösungen in der Klausur einfach durchstreichen und absichtlich durchfallen. Denn eine 5,0 hat keine Konsequenzen und steht nicht im Abschlusszeugnis. Das bedeutet, dass du die Klausur im nächsten Semester einfach nochmal schreiben kannst, ohne dass das Auswirkungen auf deine Gesamtnote hat. Aber Achtung! Nicht alle Prüfungsordnungen bieten diese unbegrenzte Anzahl an Klausurversuchen. In manchen Fällen sind die Versuche auf drei begrenzt. In diesem Fall solltest du besonders gut abwägen, ob du fit genug für die Klausur bist und ob es sinnvoll ist, den Zweit- oder Drittversuch zu nutzen. Also, wenn du eine

Prüfungsordnung hast, die dir viele Klausurversuche erlaubt, dann nutze das zu deinem Vorteil! Aber wenn nicht, solltest du deine Entscheidungen sorgfältig abwägen und dir überlegen, ob du bereit bist, deine begrenzten Versuche zu nutzen. Mach das Beste aus deiner Studienzeit und gehe mit Bedacht vor!!

- Mach dir keine Sorgen, wenn du eine Klausur mal nicht bestanden hast - das passiert fast jedem Studenten einmal. Es ist jedoch wichtig zu wissen, dass du möglicherweise die Möglichkeit hast, eine mündliche oder schriftliche Nachprüfung abzulegen, um deine Note zu verbessern. Manchmal ist es sogar möglich, wenn du knapp durchgefallen bist, durch eine Nachprüfung doch noch auf eine 4,0 zu kommen. Das Problem ist jedoch, dass dir der Professor oder Dozent dies nicht unbedingt von selbst mitteilen wird, da eine zusätzliche Prüfung auch zusätzliche Arbeit für den Lehrenden bedeutet. Deshalb ist es wichtig, dass du dich selbst informierst und in der Prüfungsordnung nachliest, was in deinem Fall möglich ist.

- Es kommt oft vor, dass einem gar nicht bewusst ist, dass man in einigen Prüfungsordnungen einfach den Klausuren fernbleiben darf oder dass es noch einen Extra-

Versuch im Rahmen einer Ergänzungsprüfung gibt. Aus diesem Grund solltest du besonders die Prüfungsordnungen verinnerlichen, die nur eine begrenzte Anzahl an Klausurversuchen vorsehen.

- Wenn dir etwas unklar ist wegen deiner Prüfungsordnung, solltest du dich immer an das Prüfungsamt wenden und nachfragen. Wenn dir etwas seltsam vorkommt, solltest du dich bemühen, die Antwort schriftlich zu erhalten oder gleich eine E-Mail zu schreiben, damit du im Zweifelsfall etwas in der Hand hast. Es ist sehr wichtig, dass du nicht auf Aussagen von anderen Studenten oder Übungsleitern vertraust, da es hier leider oft zu Falschaussagen oder Gerüchten kommen kann. Das Prüfungsamt ist die zuständige Stelle für alle Fragen rund um die Prüfungen und die Prüfungsordnung, und die Mitarbeiterinnen und Mitarbeiter werden dir die richtigen Antworten geben.

Deshalb solltest du dich immer gründlich über die Regeln in deiner Prüfungsordnung informieren. So kannst du sicherstellen, dass du das Beste aus deinem Studium herausholst.

Es ist noch wichtig zu beachten, dass sich die Prüfungsordnung eines Studiengangs nicht nur von anderen Studiengängen unterscheidet, sondern dass es auch erhebliche Unterschiede innerhalb desselben Studiengangs je nach Universität oder Standort geben kann. Ein Beispiel hierfür wäre der Studiengang Maschinenbau, der an der Universität Bremen eine andere Prüfungsordnung hat als an der Universität Braunschweig. Diese Unterschiede können dazu führen, dass die Anforderungen und Regeln in Bezug auf Prüfungen und Klausuren je nach Standort variieren.

Deshalb solltest du dich im Vorfeld über die Prüfungsordnungen der verschiedenen Universitäten informieren. Die meisten Universitäten veröffentlichen ihre Prüfungsordnungen auf ihren Websites, so dass du sie einsehen und vergleichen kannst.

Wenn du bereit bist, deinen Wohnort zu wechseln, kannst du möglicherweise die besten Prüfungsordnungen auswählen, die deinen Anforderungen und Lernverhalten am besten entsprechen. Es lohnt sich, Zeit in diese Recherche zu investieren!

Tipp 2: Bleib unbeeindruckt von den Vorlesungen!

Vorlesungen sind meist trocken und behandeln oft Themen

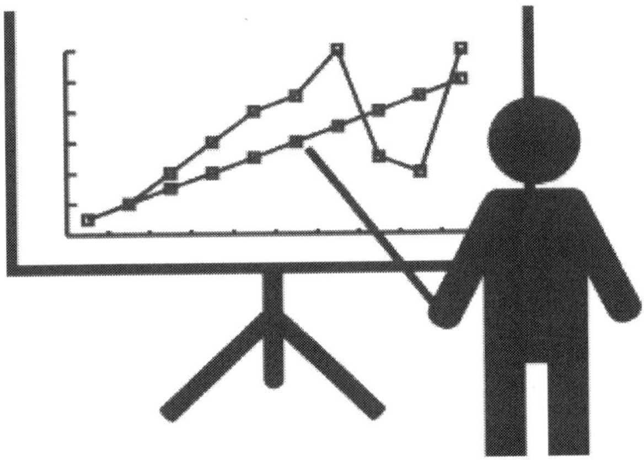

und theoretische Hintergründe, die für die Prüfung gar nicht wichtig sind. Wenn du nicht alles verstehst, ist das ganz normal!

In meiner ersten Vorlesung in Elektrotechnik konnte ich nur wenige Minuten von insgesamt 90 Minuten folgen. Der einzige Teil, den ich verstand, war die Vorstellung des Dozenten. Der Rest der Vorlesung kam mir durch das komplizierte Fachvokabular, die mathematischen Formeln und Herleitungen wie eine Fremdsprache vor. Aus meiner Erfahrung heraus weiß ich, dass viele Studenten Vorlesungen besuchen, weil sie befürchten, wichtige Informationen zu verpassen oder um ihr schlechtes Gewissen zu beruhigen. Das ist jedoch völlig unsinnig! Warum solltest du 90 Minuten in einem Raum verbringen, in dem du nichts verstehst? Entweder arbeitest du so viel vor, dass du folgen kannst oder du bleibst einfach zu Hause und nutzt die Zeit für etwas Sinnvolleres: dir die Inhalte selbst in Ruhe anzueignen oder aber deinem Hobby nachzugehen.

In der Schule wurde uns oft vermittelt, dass Anwesenheit der Schlüssel zum Erfolg sei. Doch in der Universität sollte man diese eingetrichterte Einstellung hinter sich lassen. Die Inhalte der Vorlesungen sind in der Regel nicht vom Dozenten selbst erfunden, sondern öffentlich zugänglich und können mithilfe von einschlägiger Fachliteratur genauso gut nachvollzogen werden (siehe Kapitel Literaturempfehlungen). Oft fällt das Verstehen sogar leichter, da die Fachliteratur attraktiver gestaltet ist. Im Gegensatz zu Fachbüchern hat der Dozent an der Universität in deinem Studiengang ein Monopol und die Qualität seiner Lehre und Lehrmaterialien beeinflusst nicht direkt seinen Gehaltszettel. Es ist also völlig klar, dass man in vielen Fachbüchern, die verkauft werden sollen, eine höhere didaktische Qualität erwarten kann als im Skript des Professors.

Gute Fachbücher bieten viele Beispiele und Übungsaufgaben mit Lösungen, die auch in der Klausur vorkommen können. Zudem vermeidet man den Stress, mit der Geschwindigkeit des Dozenten mithalten zu müssen. Es ist nahezu unmöglich, gleichzeitig konzentriert zuzuhören und mitzuschreiben, wenn es nicht deinem eigenen Lerntempo entspricht oder du an einem bestimmten Punkt Schwierigkeiten hast, dem Dozenten zu folgen, der jedoch unbeirrt seinen Vortrag fortsetzt. Weitere Nachteile von Vorlesungen sind z.B. technische Probleme mit dem Mikrofon, wodurch man nur die Hälfte versteht, oder ein überfüllter Hörsaal, in dem man keinen Platz mehr findet und die schlechte Luftqualität die Konzentration beeinträchtigt.

Einige Dozenten haben eine unangenehme Art, durch die Reihen zu gehen und einen nichtsahnenden Studenten vor der gesamten Gruppe zu fragen. Ich möchte niemandem davon abraten, Vorlesungen zu besuchen, denn sie können durchaus nützlich sein. Aber wie bereits erwähnt, ist es kein Problem, wenn man 99% des Inhalts nicht versteht, und man sollte sich immer an die sehr gut gestaltete Fachliteratur halten. Vielleicht ist es also doch besser, am Strand zu entspannen und einen Cocktail zu genießen, während man sich die Inhalte selbst aneignet.

Interaktive Übungen, die während der Vorlesung von wissenschaftlichen Hilfskräften oder wissenschaftlichen Mitarbeitern begleitet werden, sind hingegen oft sehr nützlich und sollten unbedingt besucht werden. In diesen Übungen bearbeitet man gemeinsam Aufgaben und Übungen und du kannst gezielte Fragen stellen. Dabei solltest du dir auch für die einfachsten Fragen nicht zu schade sein – die mündliche Beteiligung hat keinerlei Auswirkungen auf die Note in dem Fach, weder quantitativ noch qualitativ. Also kannst du den Übungsleiter ruhig mit Fragen löchern. Außerdem war er oder sie selbst auch einmal in der gleichen Situation wie du und wird dir auf Augenhöhe begegnen.

Zusätzlich werden in den Übungen oft Hinweise und Empfehlungen zur Klausur gegeben. Der Übungsleiter hat schließlich Kontakt zum Dozenten der Vorlesung und erstellt oft sogar die Klausur. Nur selten erstellt der Professor die Klausur selbst und gibt diese Aufgabe lieber an seine Mitarbeiter weiter.

Tipp 3: Lass dich nicht von deinen Kommilitonen beeindrucken!

Mir ist aufgefallen, dass auf dem Campus oft Unsinn verbreitet wird. Halbwissen, Gerüchte und unvollständige Informationen scheinen allgegenwärtig zu sein, und dazu kommt noch die Selbstüberschätzung mancher Studenten. Besonders kurios war für mich die Tatsache, dass diejenigen, die am meisten damit prahlten, wie einfach alles sei, oft als Erste das Handtuch geworfen haben. Möglicherweise wollten sie durch großes Gerede ihre Lernprobleme überspielen. Wenn du wirklich erfolgreich sein willst, solltest du dich nicht von solchen Leuten beeinflussen lassen und dich auf deine eigenen Ziele konzentrieren. Lass dich nicht von falschen Informationen ablenken.

Studiere ohne Stress und Vergleichsdruck. Es ist normal, dass man am Anfang den Überblick verliert und sich nicht sicher ist, ob man alles verstanden hat. Lass dich nicht von Selbstüberschätzern einschüchtern, die versuchen, durch eine große Klappe Lernmisserfolge zu kompensieren. An der Uni zählt nur das Klausurergebnis oder das Bestehen der mündlichen Prüfung und nicht das Profilieren vor anderen. Schalte einfach auf Durchzug und denke nicht: „Was mache ich hier, wenn andere schon alles wissen?". Die Schreihälse sind meist schnell wieder weg.

Klar gibt es im Studiengang immer auch echte Überflieger, jedoch treten diese meist etwas ruhiger auf und legen ihren Fokus eher auf sich selbst und ihre Wissenserweiterung. Allerdings solltest du dich an denen ohnehin nicht orientieren – das kann sonst sehr frustrierend sein. Außerdem bilden diese Genies meist eine Minderheit, die von dir viel mehr Aufmerksamkeit bekommt als die „normalen" Studierenden. Man neigt wohl dazu, sich immer mit den besseren zu vergleichen, um sich dann schlecht zu fühlen. Vergleiche dich nicht zu sehr mit anderen, sondern finde dein eigenes Arbeits- und Lerntempo.

Tipp 4: Fragen stellen – stell dich dumm!

An der Universität wird niemand da sein, um dich an die Hand zu nehmen und dich auf Fristen hinzuweisen, deinen Stundenplan zu erstellen, dich für Prüfungen anzumelden, deine Unterlagen auszudrucken oder deine Hausaufgaben zu kontrollieren. Das Erledigen dieser Dinge erfordert selbstständiges Lernen und Organisieren. Jeder Studierende trägt die Verantwortung für sich selbst und es gibt keine Sozialarbeiter, die sich um dein Wohlbefinden kümmern und sicherstellen, dass du alle Fristen einhältst. In der Schule haben Lehrer diese Dinge oft übernommen. Daher solltest du bei organisatorischen Fragen immer nachfragen und auch bei fachlichen Unklarheiten um Hilfe bitten.

Auf dem Campus und in den Übungen kommt man am weitesten, wenn man sein Nichtwissen preisgibt und eben nicht, wenn man versucht, sich zu profilieren. Das bedeutet: fragen, fragen, fragen – den

Übungsleiter, den Professor oder deine Mitstudenten. Viele der Befragten fühlen sich sogar geschmeichelt, wenn sie jemandem etwas erklären dürfen. Es zeigt deine Bemühungen und dein Interesse. Pinsel ihnen einfach ein bisschen den Bauch, zum Beispiel: „Sie haben das so gut erklärt, aber eine Sache habe ich noch nicht verstanden…". Stelle dich dumm (keine falschen Eitelkeiten) und dann musst du einfach nur noch lauschen. Fragen kann man während und nach der Vorlesung oder der Übung stellen und noch besser eignen sich die angebotenen Sprechstunden der Professoren und Tutoren. Denn in den Sprechstunden hat man noch mehr Zeit, den Dozenten auszuquetschen.

Tipp 5: Lern allein!

Die richtige Herangehensweise an das Lernen entscheidet über Bestehen und Nichtbestehen einer Prüfung. Allein zu lernen hat viele Vorteile – wenn man konzentriert bleibt und sich nicht ablenken lässt.

Viele Studenten denken, am besten lernt man in der Gruppe und das Finden einer solchen Gruppe wäre schon der halbe Studienabschluss. Eine Gruppe jedoch verführt häufig dazu, einfach nur beisammen zu sein, ein bisschen über den Stoff zu philosophieren, sich gegenseitig das schlechte Gewissen zu nehmen und sich so in Sicherheit zu wiegen. Häufig merkt man dabei gar nicht, dass man eher das Gegenteil von erfolgreichem Lernen erreicht. So haben die

Lerngruppen häufig eher einen Gruppentherapiecharakter. Im schlimmsten Fall stoppt man noch die Zeiten und beschwert sich nach der Klausur, dass man doch X Stunden pro Tag wochenlang gelernt hat – wobei man effektiv fast gar nichts gemacht hat, sondern nur viel Zeit mit Pläuschchen und gegenseitigem Mut zusprechen verbracht hat. Das Gruppenlernen kann eine sinnvolle Ergänzung sein, aber effektiv zu lernen bedeutet eben auch, allein zu lernen. Übungen durchzurechnen, dabei auf die Nase zu fallen und solange dranzubleiben, bis man eine Übungsaufgabe geschafft hat. Natürlich ist es nicht schlecht, wenn man sich gegenseitig Inhalte erklärt, bei denen man einfach nicht weiterkommt oder man sich gegenseitig Dinge abfragt. Dennoch sollte man hier vielleicht eher ausgewählte Kommilitonen aufsuchen und vielleicht die Partnerarbeit zu zweit als eine größere Gruppe bevorzugen. In der Klausur bist du am Ende auf dich allein gestellt. Da kann es von Vorteil sein, wenn du es zuvor auch geschafft hast, ganz allein mit den Aufgaben fertig zu werden.

Vorteile des Allein-Lernens zusammengefasst:

- Du bestimmst allein über das Arbeitstempo. Wenn du etwas nochmal wiederholen musst, kannst du dies tun, ohne auf jemanden Rücksicht nehmen zu müssen.
- Vielleicht schaffst du es zu zweit oder zu dritt schneller durch die Themen zu springen, da ihr euer Wissen ergänzt – der Haken dabei: Was dir andere erklären, wird nie so stark im Kopf hängen bleiben, wie selbst erarbeitete Inhalte. Was du eigenständig durchgehst, bleibt garantiert auch sitzen!
- Du lässt dich weniger stark ablenken von zwischenmenschlichen Themen oder themenfremden Diskussionen.

Tipp 6: Lern effizient!

Am besten ist es, früh am Tag anzufangen und sich ein „Feierabendziel" zu setzen und nicht spät anzufangen und open end zu lernen. So kann man nachmittags oder abends noch andere (private) Dinge machen. Es ist auch eher kontraproduktiv, sich alle Freizeitaktivitäten zu verbieten und ständig mit schlechtem Gewissen rumzurennen, da man kein klares Lernziel definiert/erreicht hat. Hobbies und Zeit für sich sind sehr wichtige Motivationshilfen: du bekommst wieder einen klaren Kopf, bist gut drauf und ausgeglichen und hast somit auch wieder mehr Energie, um dir neuen Stoff anzueignen. Außerdem bringt es niemandem was, wenn du dein Studium im Affentempo durchziehst und danach aber erstmal ein Burnout erleidest, krankgeschrieben bist und nicht arbeiten kannst. Genieße also auch die Jahre des

Studierens, indem du weiterhin für Spaß in deinem Leben sorgst! Wichtig ist einfach, dass man sich in der geplanten Lernzeit nicht ablenken lässt und sich voll auf das Lernen konzentriert. Gönn dir aber natürlich regelmäßig Pausen. Tipp: Wenn du das gesetzte Ziel an einem Tag nicht einhältst, lernst du trotzdem nicht länger. Stattdessen gehst du am nächsten Tag umso motivierte ran, da du weißt, dass du in der vorgegebenen Zeit deine Ziele erreichen musst. Diese Art von Lernen ist ein bewährtes Mittel gegen die „Aufschieberitis", auch „Prokrastination" genannt, von der viele Studenten geplagt sind.

Tipp 7: Such dir einen Lernpartner!

Auch wenn es erstmal wie ein Widerspruch zum Tipp 5 „Lerne allein" klingt: Ein Lernpartner ist eine bessere Ergänzung als eine Lerngruppe, in der zwangsläufig viel Zeit für das Zwischenmenschliche draufgeht und hier vermutlich zu viele unterschiedliche Wissensstände und Lerntempos aufeinandertreffen. Die Zeit mit einem Lernpartner sollte die Zeit des Alleine-Lernens nicht ersetzen, sondern nur ergänzen. Tendenziell hilft ein fachlich guter Lernpartner, schneller Inhalte zu verstehen, die noch unbekannt sind und ein fachlich nicht so guter Lernpartner das Gelernte selbst noch einmal zu verinnerlichen. Wenn du deinem schwächeren Lernpartner nämlich komplexe Inhalte leicht verständlich erklären kannst, ist das ein Indiz dafür, dass du den Stoff begriffen hast, und du verinnerlichst ihn so nochmal. Deswegen ist es nicht verkehrt, sich einen schwächeren, aber trotzdem motivierten Lernpartner zu suchen, den du so stark und dich gleichzeitig noch stärker machst. Außerdem hat man grundsätzlich nichts davon, wenn Mitstudenten in der Prüfung durchfallen, also warum sollte man sich nicht gegenseitig pushen? Fazit also: Mit je weniger Leuten du lernst, umso mehr ist garantiert, dass jeder mitkommt und alles versteht. Zu zweit oder allein zu lernen ist meist die beste Herangehensweise. Ein Lernpartner hat darüber hinaus den Vorteil, dass man sich gegenseitig kontrollieren kann – inhaltlich sowie verhaltensbedingt. Der Partner kann dir nämlich super auf die Finger hauen, wenn du am Handy rumspielst oder dann vielleicht doch zu oft eine Kaffeepause vorschlägst.

Tipp 8: Hör auf die Meinung Erfahrener (wie auf mich 😉)

Viele Charaktere, ich zähle mich auch dazu, denken, sie wissen selbst, was für sie am besten ist: Welche Vorlesungen zu wählen sind und vor allem WIE man studiert (bezüglich des Lernverhaltens). Hier sollte man über seinen Ego-Schatten springen und seine Grundeinstellung ändern. Ich habe zum Beispiel meine Vertiefungsrichtungen im Studium später bereut. Wenn ich mir vor meiner Wahl mehr Ratschläge geholt hätte, dann hätte ich mich mit Sicherheit anders und vor allem besser entschieden. Du solltest verinnerlichen, dass man sich die Meinung erfahrener Mitstudenten oder Tutoren ruhig mal anhören kann – man muss die Meinungen ja nicht übernehmen. Mit dieser Einstellung fällt es vielleicht leichter, sich beraten oder zu belehren zu lassen.

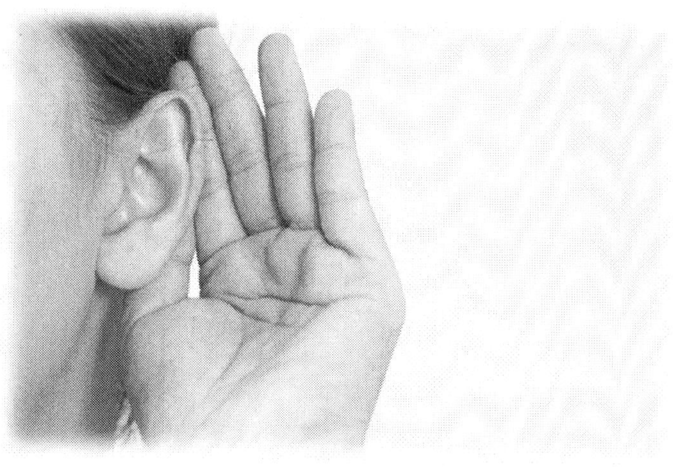

Wichtig ist noch zu erwähnen, dass sich das Wort „erfahren" hier auf Masterstudenten oder kurz vor dem Bachelorabschluss stehende Studenten bezieht – und nicht auf die, die am lautesten schreien oder am selbstsichersten auftreten (siehe Tipp 3„Lasse dich nicht von deinen Kommilitonen beeindrucken").

Tipp 9: Ausgleich finden: Beweg dich!

Sport und andere Hobbys helfen, den Kopf freizukriegen und neue Energie für das Lernen zu schöpfen.

Hierfür solltest du dir wirklich Zeit nehmen, insbesondere in den intensiven Lernphasen vor den Klausuren. Sport hilft, seine Gedanken zu sortieren und die Lerneffizienz zu steigern. Es nutzt überhaupt nichts drei Stunden scheintot und alibimäßig auf einen Lernzettel zu starren – nutz die Zeit lieber zum Joggen oder um ins Fitnessstudio zu gehen. Auch ein längerer Spaziergang ist Bewegung und wird deiner Psyche und deinem Rücken guttun. Selbst der eifrigste Student braucht irgendwann mal eine Pause. Die Lerneffektivität wird durch Sport deutlich erhöht, so dass der Zeitaufwand für den Sport selbst nicht weiter ins Gewicht fällt. Und dazu kommt: Wenn man am Tag schon etwas geschafft hat, zum Beispiel ein wenig gejoggt ist, fühlt man sich wesentlich produktiver. Vergiss auch nicht, dich ausgewogen und gesund zu ernähren. Das ist für die grauen Zellen besonders wichtig, aber meistens wird in den Kantinen ja recht abwechslungsreich gekocht. Hier sparst du Zeit, weil du nicht selbst kochen muss und kannst die freie Zeit dann in Bewegung investieren. Ein weiterer Vorteil sportlicher Aktivitäten: Du hältst deine festgesetzten Lernzeiten besser ein (siehe Tipp 6 „Lerne effizient"). Wenn du dir vornimmst, um 18:00 Uhr Sport zu machen, musst du bis dahin alles für den Tag geschafft haben. Es gibt also keine Ausrede, das Lernen nach hinten zu verschieben! Es ist auf jeden Fall von Vorteil, Lernen und Freizeit gedanklich und zeitlich zu trennen – so machst du deinen Kopf frei und schöpfst neue Energie für den nächsten Lerntag.

Tipp 10: Hab keine Angst vor Klausuren!

Uni-Klausuren sind sicher schwieriger als man es aus der Schule kennt – dennoch: wer sich richtig vorbereitet, hat immer gute Chancen, zu bestehen.

Es wird immer viel geredet auf dem Campus oder selbst der Dozent verbreitet Panik, vielleicht um sich und seinem Fach mehr Respekt zu verschaffen. „Die Klausur ist echt hammerschwer – 95% fallen durch" – „Der Dozent will alle aussieben – besser nicht mitschreiben" und so weiter. Studierende verbreiten Angst, um ihre eigene Unfähigkeit zu überspielen. Der Dozent der Klausur hat eigentlich nichts davon, möglichst viele Klausurschreiber durchfallen zu lassen. Im Regelfall hat er sogar noch mehr Arbeit dadurch, da viel mehr Nachschreiber im nächsten Semester wiederkommen. Natürlich gibt es schwierigere und leichtere Prüfungen – aber sicher keine unschaffbaren! Zur Vorbereitung gilt immer: Die Übungsaufgaben so oft es geht durchzurechnen und alte Klausuren durchzugehen, bis alles sitzt. Selbstständig, allein oder mit maximal einem Partner, ohne in die Lösungen zu schauen – und das immer und immer wieder. Vielleicht mag das selbstverständlich klingen – ist es aber anscheinend nicht, da die meisten Studenten durch eine falsche Lerntechnik durchrasseln und nicht, weil der Dozent den Studenten eins auswischen will.

Ein gutes Beispiel in meinem Studium war eine Elektrotechnikklausur: Es wurde viel geredet, viele meinten, die Prüfung sei kaum zu bestehen und sowieso sei das unfair, dass man als Nicht-Elektrotechniker überhaupt so eine Klausur schreiben muss. Ich habe mich davon beeindrucken lassen und die Klausur letztendlich erst im 4. Semester statt nach Regelstudienplan im 1. Semester geschrieben. Was dann drankam, war nichts von den großspurigen Ankündigungen der Kommilitonen – ein paar Stromkreisberechnungen, eine Transistorschaltung und das war alles. Nichts, was ich nicht auf den Übungszetteln schon gesehen hatte!

Zur Erinnerung: Bei Klausuren zählt es auch, auf die Prüfungsordnung zu achten. Wenn du nur drei Versuche pro Klausur hast, solltest du natürlich etwas vorsichtiger sein, als wenn du nur eine bestimmte Anzahl an Leistungspunkten pro Semester erreichen musst – und es dabei egal ist, bei wie vielen Klausuren du dabei durchgefallen bist. Hier also nochmal der Verweis zum Tipp 1 „Wälze Prüfungsordnungen – es lohnt sich!“

Fachspezifische Einführungen in verschiedene Themengebiete

Mathematik

Mathe mag zwar oft als Angstfach bezeichnet werden, doch es ist wichtig zu wissen, dass es in den meisten ingenieurwissenschaftlichen Studiengängen keine unüberwindbare Hürde darstellt. In der Tat liegt der Fokus in den Ingenieurwissenschaften hauptsächlich auf praktischen Anwendungen und Berechnungen, statt auf theoretischen Beweisen, wie es in Physik- oder Mathestudien der Fall ist.

Daher ist es wichtig, eine positive Einstellung zu entwickeln und sich darauf zu konzentrieren, die verschiedenen Rechenmethoden zu erlernen und routinemäßig anzuwenden. Die Mathematik-Vorlesungen können als Chance gesehen werden, um die eigenen Fähigkeiten zu verbessern und ein tieferes Verständnis für das Fach zu erlangen.

Es ist wahr, dass manche Professoren die Inhalte auf eine komplizierte Weise präsentieren, aber lass dich nicht entmutigen. Nutze stattdessen die Zeit außerhalb des Hörsaals, um selbstständig zu lernen und zu üben. So kannst du deine Kenntnisse vertiefen und selbstbewusst in die Klausuren gehen.

Denke daran, dass es im Studium weniger um das Verstehen jeder einzelnen Formel geht, sondern vielmehr darum, die grundlegenden Konzepte zu erfassen und die Berechnungen erfolgreich durchzuführen. Durch kontinuierliches Üben und eine positive Einstellung wirst du feststellen, dass Mathe kein unlösbares Problem darstellt, sondern eine spannende Gelegenheit, um dein Wissen und deine Fähigkeiten weiterzuentwickeln.

Es ist entscheidend, einen erfolgreichen Einstieg ins Studium zu schaffen, indem man zunächst die grundlegenden Konzepte versteht, die dir möglicherweise schon aus der Schule bekannt sind. Dies hilft dir, den Vorlesungen besser folgen zu können und die Themen wie Vektoren, Matrizen, komplexe Zahlen, Gleichungssysteme und Differentialgleichungen besser zu begreifen.

Von besonderer Bedeutung ist es, die praktische Anwendung dieser Konzepte kennenzulernen, da sie das Fundament für andere Fächer wie Mechanik, Elektrotechnik oder Regelungstechnik bilden. Indem du einfache Anwendungsbeispiele aus dem Internet recherchierst, fällt es dir leichter, in diesen Fächern motiviert und engagiert zu bleiben. Denn die physikalischen Zusammenhänge werden stets mithilfe der Mathematik beschrieben.

Um die Anwendung dieser Konzepte zu verstehen, empfiehlt es sich, mit einfachen Beispielen zu beginnen. Sobald du die „Sprache" der Mathematik – bestehend aus Gleichungen, Variablen und Rechenoperationen – beherrschst, wirst du feststellen, dass es gar nicht so kompliziert ist, damit umzugehen. Außergewöhnliche intellektuelle Fähigkeiten sind dafür nicht notwendig.

Im Folgenden findest du einige grundlegende Beispiele für mathematische Inhalte, die in technischen Fächern häufig vorkommen und sich als Werkzeuge zur Beschreibung von physikalischen Zusammenhängen etabliert haben. Durch das Erlernen dieser Grundlagen kannst du deine Fähigkeiten weiterentwickeln und das Beste aus deinem Studium herausholen. Lass dich von der Mathematik inspirieren und entdecke, wie sie dazu beiträgt, die Welt um uns herum besser zu verstehen und zu gestalten.

Ein Vektor gibt nicht nur eine „Zahl" an, sondern auch eine Richtung. Obwohl dies zunächst abstrakt klingen mag, ist es für einige technische Größen durchaus sinnvoll. Ein Beispiel hierfür ist die Darstellung von Kräften, die sowohl eine Richtung im Raum als auch einen Wert (den sogenannten Betrag) haben. In diesem Fall wäre das die „Kraftstärke".

Nehmen wir zum Beispiel eine Kraft von *5 N* (Newton ist die Einheit für die Kraft), die auf einen Tisch wirkt.

Anmerkung: Es ist wichtig, zwischen der Kraft (gemessen in Newton, N) und der Masse (gemessen in Gramm, g oder Kilogramm, kg) zu unterscheiden. Obwohl es verlockend sein mag, 5 N mit 500 Gramm gleichzusetzen, ist dies nicht korrekt.

Der Grund dafür ist, dass die Masse eine Größe ist, die die Materie eines Objekts beschreibt, unabhängig von äußeren Einflüssen wie der Schwerkraft. Die Kraft hingegen ist eine Größe, die von der Masse und der Beschleunigung abhängt. Auf der Erde entspricht die Gewichtskraft eines Objekts der Masse multipliziert mit der Erdbeschleunigung (ca. 9,81 m/s^2*). Daher haben 500 Gramm (0,5 kg) auf der Erde eine Gewichtskraft von etwa 4,9 N (0,5 kg × 9,81* m/s^2*).*

Auf dem Mond hingegen ist die Anziehungskraft geringer als auf der Erde. Daher würde die Masse von 500 Gramm dort eine geringere Gewichtskraft aufweisen. Die Masse bleibt jedoch konstant, unabhängig davon, wo sie sich befindet, sei es auf der Erde, dem Mond oder irgendwo im Weltraum.

Die Wirkung der Kraft hängt von ihrer Richtung ab. Parallel zum Tisch hat sie keine Wirkung auf die Tischplatte, und wirkt nur in waagerechter Richtung an der der Tischplatte vorbei. Die resultierende Kraft auf die Tischplatte in vertikaler Richtung y hängt also vom Angriffswinkel ab.

Bei einem Angriffswinkel von *90°* (Winkel vom Tisch abgetragen) wirken die gesamten *5 N* auf die Tischplatte, bei *0°* überhaupt keine Kraft und bei *45°* wirkt eine Kraft zwischen *0 N* und *5 N*. Durch das Verständnis von Vektoren können wir solche physikalischen Zusammenhänge besser erfassen und die Wirkung von Kräften in verschiedenen Richtungen analysieren. Dies ist nur eines von vielen Beispielen, bei denen Vektoren eine wichtige Rolle in der Technik und den Naturwissenschaften spielen.

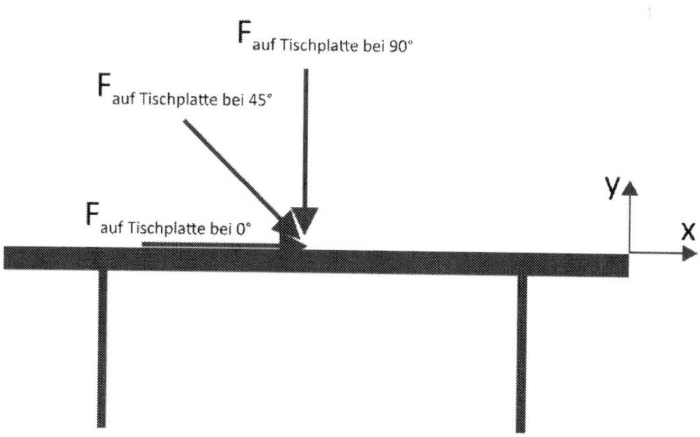

Um herauszufinden, wie viel Kraft bei einem 45°-Winkel auf die Tischplatte wirkt, müssen wir den Vektor analysieren. Der Betrag des Vektors, also die Gesamtkraft in der Richtung der Kraft, beträgt *5 N*. Um die Wirkung der Kraft in *x*- und *y*-Richtung zu bestimmen, betrachten wir die Komponenten des Vektors.

Da der *45*°-Winkel sowohl horizontal als auch vertikal im gleichen Verhältnis wirkt (*45*° liegt in der Mitte zwischen *0*° und *90*°), verwenden wir *1* Einheit in der *x*-Richtung und *1* Einheit in der negativen *y*-Richtung (wegen der Pfeilrichtung) und erhalten somit:

$$\begin{pmatrix} 1 \\ -1 \end{pmatrix} \cdot F_{auf\ Tischplatte\ bei\ 45°} = 5N$$

Nun wird die Gleichung nach $F_{auf\ Tischplatte\ bei\ 45°}$ umgestellt, das heißt, die Gleichung wird durch den Vektor geteilt. Wir bekommen *5 N* geteilt durch einen Vektor. Um den Wert zu ermitteln, nehmen wir den Betrag vom Richtungsvektor, also *1* und *-1* jeweils quadrieren und dann die Wurzel ziehen. So bekommen wir als Ergebnis, was bei einem Winkel von *45*° an Kraft bei der Tischplatte vertikal ankommt (die gleiche Kraft wirkt in *x*-Richtung am Tisch vorbei):

$$F_{auf\ Tischplatte\ bei\ 45°} = \frac{5N}{\sqrt{2}} \approx 3{,}54N$$

Ein Vektor mit drei Komponenten beschreibt alle drei Raumrichtungen und gibt uns ein vollständiges Bild einer Kraft in einem dreidimensionalen Raum. Zum Beispiel beschreibt der Vektor *a=(3,4,5)* eine Richtung von *3* Einheiten in der *x*-Richtung, *4* Einheiten in der *y*-Richtung und *5* Einheiten in der *z*-Richtung. Der Betrag dieses Vektors ergibt sich aus den Komponenten, indem man die Komponenten quadriert und dann die Wurzel aus der Summe der Quadrate zieht (in diesem Fall beträgt der Betrag etwa *7,07*).

Die Vektorrechnung, wie zum Beispiel die Multiplikation zweier Vektoren, folgt bestimmten Regeln, die aus der Literatur entnommen und im Studium erlernt werden können. Diese Regeln werden dich im Laufe deines Studiums immer wieder begleiten. Normalerweise werden die einzelnen Komponenten addiert, subtrahiert oder multipliziert.

Hier ist ein Beispiel für eine einfache Vektoraddition, das zeigt, wie unkompliziert die Vektorrechnung sein kann und dich hoffentlich motiviert, dranzubleiben:

$$\begin{pmatrix} 4 \\ 3 \\ 1 \end{pmatrix} + \begin{pmatrix} 1 \\ 1 \\ 4 \end{pmatrix} = \begin{pmatrix} 5 \\ 4 \\ 5 \end{pmatrix}$$

Um diese Vektoren zu addieren, addieren wir einfach die entsprechenden Komponenten:

$$4 + 1, 3 + 1, 1 + 4 = (5,4,5)$$

Das Ergebnis ist der Vektor *(5, 4, 5)*. Wie du siehst, ist die Vektorrechnung in vielen Fällen recht einfach und kann dir dabei helfen, verschiedene physikalische Zusammenhänge besser zu verstehen und zu analysieren. Bleib motiviert und lerne die Grundlagen der Vektorrechnung, um dein Wissen in technischen und naturwissenschaftlichen Fächern zu erweitern und zu vertiefen.

Ein Gleichungssystem besteht aus mehreren Gleichungen, die dieselben Variablen enthalten. Dadurch sind die Gleichungen voneinander abhängig, da sie gemeinsame Variablen haben. Ein Beispiel hierfür könnte in der Mechanik verschiedene mathematische Beschreibungen von Kräften sein. Oftmals sind in einer einzelnen Gleichung nicht genügend Informationen (Variablen) vorhanden, um sie eindeutig zu lösen und beispielsweise eine Kraft oder eine andere Variable (im folgenden Beispiel x und y) zu bestimmen.

Ein einfaches Beispiel für ein Gleichungssystem ist:

$$x + 2y = 10$$
$$3x + y = 10$$

Mit einer einzelnen Gleichung könnten wir in diesem Fall nicht viel anfangen, da wir zwei unbekannte Variablen, x und y, haben, für die jeweils unbekannte Werte stehen. Wenn wir die erste Gleichung unabhängig von der zweiten betrachten, gäbe es mehrere mögliche Lösungen. Zum Beispiel könnten wir für y die Zahl *5* einsetzen und für x die Zahl *0*. Wenn wir jedoch $y = 5$ und $x = 0$ in die zweite Gleichung einsetzen, ergibt sich eine falsche Gleichung. Diese Lösung für die Variablen muss also falsch sein. Wir haben *2* Gleichungen und *2* Variablen. Das bedeutet in der Mathematik, dass es genau eine Lösung gibt. Bei $x = 2$ und $y = 4$ stimmen beide

Gleichungen überein. Um die Lösung für die Variablen zu finden, kann man herumprobieren, aber bei komplizierteren Gleichungen ist das nicht mehr so einfach wie in diesem Beispiel. Es gibt verschiedene Methoden, mit denen man systematisch vorgehen kann, z. B. eine Gleichung von der anderen subtrahieren oder eine Gleichung nach einer Variablen umstellen und dann in die andere einsetzen.

Um die zweite Gleichung von der ersten abzuziehen und dabei eine Variable verschwinden zu lassen, könnten wir die zweite Gleichung mit 2 multiplizieren, sodass vor dem y in jeder Gleichung der gleiche Faktor steht:

$$x + 2y = 10$$
$$6x + 2y = 20$$

Subtrahieren wir nun die zweite Gleichung von der ersten, erhalten wir eine neue Gleichung:

$$-5x = -10$$

Teilen wir das Ergebnis durch *-5* erhalten wir x=2. Das Ergebnis können wir nun in die erste oder zweite Gleichung einsetzen und erhalten den Wert für y. Genauso gut hätte man die erste Ausgangsgleichung mit *3* multiplizieren können und dann die beiden Gleichungen wieder subtrahieren, so dass man zunächst einen Wert für y erhalten hätte. Es gibt oft mehrere Wege, die in einem Gleichungssystemen zum Ergebnis führen.

Gleichungssysteme werden stets nach denselben Schemata gelöst, die auch bei größeren Gleichungssystemen Anwendung finden. In der Vorlesung wirst du verschiedene Verfahren kennenlernen, die das Lösen von Gleichungssystemen vereinfachen, beispielsweise den Gauß-Algorithmus. In den Ingenieurwissenschaften können Gleichungssysteme etwa aus Kräftegleichgewichten (siehe Kapitel „Technische Mechanik") oder der Beschreibung von elektrischen Schaltkreisen entstehen (siehe Kapitel „Elektrotechnik"), die gelöst werden müssen.

Das eigentlich Herausfordernde dabei ist vor allem, die richtigen Gleichungen aus einer Aufgabenstellung zu ermitteln. Das anschließende Lösen des Gleichungssystems ist reine Übungssache und dient als Mittel zum Zweck. Mit ausreichend Übung und Verständnis für die Grundlagen wirst du in der Lage sein, Gleichungssysteme effektiv und effizient zu lösen. Dies ist eine wichtige Fähigkeit in den Ingenieurwissenschaften, die dir dabei helfen wird, reale technische Probleme zu bewältigen und deine Kenntnisse in verschiedenen Fachbereichen anzuwenden.

Im Kern ist eine Matrix lediglich eine Darstellung von Zahlen in Tabellenform, die ihren eigenen Regeln folgt. Deshalb mögen Matrizen anfangs etwas abstrakt erscheinen. Beispielsweise lässt sich das zuvor erwähnte Gleichungssystem auch mithilfe einer Matrix beschreiben. Der Vorteil der Matrixschreibweise besteht darin, dass verschiedene Untersuchungen bereits vor der Lösung des Gleichungssystems leicht durchgeführt werden können. Zum Beispiel kann überprüft werden, ob das Gleichungssystem überhaupt lösbar ist. Hierfür gibt es eine Rechenmethode, die die Diagonale einer Matrix näher untersucht.

Bei unserem kleinen Beispiel mag eine solche Matrizendarstellung, wenn überhaupt, nur aus ästhetischen Gründen notwendig sein. Bei sehr großen Gleichungssystemen jedoch wird es unübersichtlich, und eine Matrix ist in diesen Fällen deutlich handlicher und übersichtlicher. Das Erlernen und Verstehen von Matrizen und ihren Regeln wird dir dabei helfen, effizienter mit komplexen Gleichungssystemen umzugehen und diese besser zu lösen. Hier siehst du die Matrix-Schreibweise zu dem vorherigen Gleichungssystem:

$$\begin{pmatrix} 1 & 2 \\ 3 & 1 \end{pmatrix} \cdot \begin{pmatrix} x \\ y \end{pmatrix} = \begin{pmatrix} 10 \\ 10 \end{pmatrix}$$

In diesem Beispiel sind die Zahlenwerte als Matrix dargestellt, während die Variablen als Vektor und die rechte Seite ebenfalls als Vektor geschrieben sind. Wenn man die Matrix nun mit dem Vektor multipliziert, erhält man wieder das zuvor beschriebene Gleichungssystem. Dies veranschaulicht gleichzeitig die Matrizenmultiplikation.

Man nimmt sich die erste Zeile der Matrix und multipliziert die einzelnen Einträge der ersten Spalte der Matrix, die man multiplizieren möchte – in unserem Fall den Vektor, der quasi eine einspaltige Matrix bildet. Die einzelnen Ergebnisse werden addiert. Also: $1 \cdot x + 2 \cdot y$ und für die zweite Zeile macht man das genauso: $3 \cdot x + 1 \cdot y$.

Es ist wichtig zu wissen, dass man Matrizen nur multiplizieren kann, wenn die Spaltenanzahl der ersten Matrix genauso groß ist wie die Zeilenanzahl der Matrix, die multipliziert wird. Auch ist es nicht (wie normalerweise bei der Multiplikation) egal, ob von links oder rechts multipliziert wird, da man sonst ein anderes Ergebnis erhält. Durch das Verstehen der Matrizenmultiplikation erhältst du ein Werkzeug, um effizient mit mathematischen Problemen in den Ingenieurwissenschaften umzugehen.

Eine Differentialgleichung ist auch „nur“ eine Gleichung, aber die Gleichung beinhaltet Änderungen einzelner Variablen (Ableitungen). Zum Beispiel kann eine Differentialgleichung die Änderung eines Ortes oder die Änderung einer Temperatur beschreiben. Häufig wird die Änderung über der Zeit, also die Zeitabhängigkeit, betrachtet, so dass nach der Zeit abgeleitet wird. Zum Beispiel wenn ein frischer Kuchen, der gerade aus dem Ofen kommt, mit der Zeit abkühlt, dann ist die Temperatur des Kuchens zeitabhängig. Das bedeutet, dass sich die Temperatur mit der Zeit in der Gleichung ändert.

Schauen wir uns mal ein einfaches Beispiel für eine Differentialgleichung an. Jeder hat es wahrscheinlich schon mal gehört, dass Kraft gleich Masse mal Beschleunigung ist. Das bedeutet, wenn ich einen Körper beschleunige, wirkt eine Kraft auf diesen – oder im Umkehrschluss (vielleicht leichter vorstellbar): Wenn ich eine Kraft auf eine Masse bringe, dann beschleunigt diese. Zum Beispiel, wenn man einen ungeliebten Kommilitonen mit hoher Kraft schubst, dann fällt er mit hoher Körperbeschleunigung zu Boden. Hier die Formel dazu:

$$F(t) = m\ddot{x}(t)$$

Hier siehst du schon, dass über dem x zwei Punkte stehen. Das x ohne Punkte beschreibt eine Position.

Leiten wir diese nach der Zeit ab (ein Punkt über dem *x*), bekommen wir eine Geschwindigkeit, also eine Änderung der Position über die Zeit. Leiten wir diese nochmal ab, dann bekommen wir die Änderung der Geschwindigkeit über die Zeit – nämlich die Beschleunigung. Das *t* in den Klammern bedeutet, dass *F* und *x* von *t*, also der Zeit, abhängig sind. Sie ändern sich jeweils mit der Zeit. Die Masse hingegen bleibt unverändert. Vielleicht ändert der ungeliebte Kommilitone auch mit Zeit seine Masse, wenn er beispielsweise *20 kg* zunimmt, aber das passiert über einen viel längeren Zeitraum als der Schubser, so dass es vernachlässigt wird.

Möchte man die Gleichung nach *x* auflösen, also die Position ermitteln, die sich durch eine Kraft ergeben hat, dann lösen wir eine Differentialgleichung. Das Gegenteil von Ableiten ist Integrieren und folglich wird die Gleichung zweimal integriert. Das Integralzeichen mit den Grenzen t_0 und t_1 bedeutet, dass alle Kräfte in der Zeit zwischen t_0 und t_1 aufsummiert werden. Und das gleich zweimal, weil wir eine zweite Ableitung haben.

$$\int_{t0}^{t1} \int_{t0}^{t1} F(t)dtdt = x(t)m$$

Wir betrachten den Punkt t_0 und t_1 und können jetzt feststellen, wie sich die Position durch die Kraft ändert. Wir haben nun eine Gleichung, die keine Beschleunigung mehr beinhaltet, sondern nur noch die Position x. Lösen wir das Integral und stellen die Gleichung um, erhalten wir (der Vollständigkeit halber muss man erwähnen, dass Anfangspositionen und –geschwindigkeiten vernachlässigt werden):

$$\frac{F}{2m}t^2 = x$$

Hier musst du die Integrationsregeln kennen, dann ist auch klar, wie die 2 im Nenner des Bruches bzw. der Faktor ½ zustande kommt. Das sollte aber jeder hinkriegen und kann in jedem Mathebuch nachgeschlagen werden (siehe „Literaturempfehlungen"). Integrale zu lösen, erfolgt immer nach verschiedenen Regeln, die meist in einer Tabelle in den Fachbüchern aufgeführt sind. Natürlich kann man sich diese Regeln auch selbst herleiten, was aber im Ingenieurstudium niemand von dir verlangen wird. Dafür gibt es den Mathematik-Studiengang. Jetzt setzen wir zwei Zeitpunkte ein, die wir gerne wissen möchten, also z.B.: $t_0=0s$ und $t_1= 2s$

Das bedeutet, wir ziehen jetzt vom späterliegenden Zeitpunkt t_1 den näherliegenden Zeitpunkt ab: Also, von der oberen Integralgrenze wird die untere subtrahiert (wird immer so gemacht):

$$\frac{F}{2m}t_1^2 - \frac{F}{2m}t_0^2 = x$$

Jetzt setzen wir beispielsweise eine Kraft von *15 N* ein, die auf einen Gegenstand von *5* Kilogramm wirken soll. Wenn wir alles einsetzen, auch die obenstehenden Zeitpunkte, erhalten wir:

$$\frac{15N}{2 \cdot 5kg} 2^2 s^2 - \frac{15N}{2 \cdot 5kg} 0^2 s^2 = x$$

Wir stellen fest, dass der 2. Term vernachlässigt werden kann. Dort wird eine *0* eingesetzt und somit mit *0* multipliziert, so dass der ganze Term null wird. Wenn wir den linken Term berechnen, erhalten wir *6* m als Ergebnis für x. Also, wenn eine Kraft von *15 N* in einer bestimmten Richtung auf einen *5 kg* Gegenstand wirkt, dann hat sich der Gegenstand *6 m* nach 2 Sekunden in diese Richtung bewegt. Natürlich haben wir in dem Beispiel Reibungseffekte vernachlässigt, die der Kraft eigentlich entgegenwirkt (stell dir einen Klotz auf dem Eis vor, den ich mit einer Kraft anschubse oder den gleichen Klotz auf einer asphaltierten Straße). Doch gerade am Anfang wird in der Technischen Mechanik oft mit idealen reibungsfreien Systemen gerechnet. Überprüfen kann man das Ergebnis einer Gleichung auch mit der Einheit, die herauskommen soll – hier m, also Meter. *1* Newton lässt sich auch ausdrücken in:

$$1N = 1\frac{kg \cdot m}{s^2}$$

Setzt man für N die Einheit in die Gleichung ein, dann bleibt am Ende nur noch m übrig für die Einheit von x – der Rest kürzt sich raus. Das zeigt einem, dass man zumindest die Gleichung schon mal richtig aufgelöst und aufgestellt hat.

Komplexe Zahlen werden dir direkt in den ersten Mathevorlesungen begegnen. Wer noch nicht in der Schule die Grundlagen, zum Beispiel. im Matheleistungskurs, gelernt hat, für den wird das erstmal Neuland sein. Damit du nicht völlig auf dem Schlauch stehst, hier eine kleine Einführung zu den komplexen Zahlen.

Von den reellen Zahlen, die wir in der Schule kennengelernt haben, wissen wir, dass es nicht möglich ist, aus einer negativen Zahl die Wurzel zu ziehen.

$$x = \sqrt{-1}$$

Von unserem bisherigen Wissensstand kennen wir also kein x, welches die Gleichung lösen würde. Wir müssen eine neue Zahl einführen, die diese Gleichung löst und nennen diese einfach i.

$$i = \sqrt{-1} \; bzw. \; i^2 = -1$$

Dieses i nennen wir imaginären Anteil einer komplexen Zahl. Eine komplexe Zahl besteht aus einem reellen Anteil und einem imaginären Anteil. Deutlich wird das an den folgenden Beispielen:

$$Z_1 = 4 + 3i$$
$$Z_2 = 10 + i$$

In der Elektrotechnik wird übrigens der Buchstabe *j* statt *i* benutzt, da *i* bereits für Ströme reserviert ist. Mathematiker dagegen arbeiten mit *i*. Letztendlich ist das aber nur eine Definitionssache. Z_1 und Z_2 sind Beispiele für komplexe Zahlen. Der reelle oder imaginäre Anteil kann auch *0* sein: Beispielsweise ist $Z_3 = 5i$, also auch eine komplexe Zahl. Genauso können wir sagen: Z_4=-3 ist auch eine komplexe Zahl, obwohl kein *i* vorhanden ist. In dem Beispiel ist der imaginäre Anteil einfach *0*.

Wie können wir uns die Zahlen vorstellen? Es gibt verschiedene Arten der Darstellung, die Beispielzahlen Z_1 bis Z_4 entsprechen der sogenannten kartesischen Darstellung, bei der wir einfach *Z* als Realteil plus Imaginär-Anteil definieren. Eine etwas anschaulichere Darstellung ist die Vektorform. Wir können die Zahlen auch wie folgt aufschreiben:

$$Z_1 = \begin{pmatrix} 4 \\ 3 \end{pmatrix}$$

$$Z_2 = \begin{pmatrix} 1 \\ 10 \end{pmatrix}$$

$$Z_3 = \begin{pmatrix} 0 \\ -5 \end{pmatrix}$$

$$Z_4 = \begin{pmatrix} -3 \\ 0 \end{pmatrix}$$

So haben wir zweidimensionale Vektoren. Die erste Dimension ist der Realteil, die zweite der imaginäre Teil.

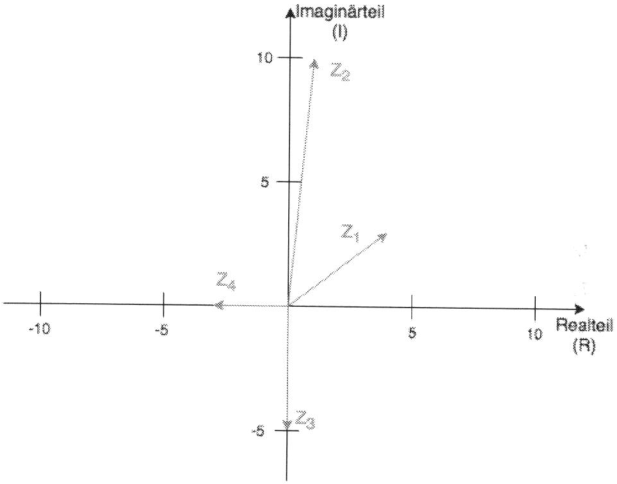

Die komplexen Beispielzahlen Z1 bis Z4, dargestellt als Vektoren. Der imaginäre Teil gibt den Zahlen eine zweite Dimension. Der Realteil gibt also die Richtung in x-Richtung an, der imaginäre Anteil die Richtung in y-Richtung.

Wie bereits angedeutet, werden die komplexen Zahlen gerne in der Elektrotechnik verwendet und sind im Grunde nichts anderes als ein Vektor. Ein Wert, zum Beispiel eine elektrische Spannung, bekommt einfach nur eine zusätzliche Dimension. Somit kann man sich zeitlich ändernde Größen beschreiben, ohne eine Differentialgleichung lösen zu müssen. Das ist wichtig, da Wechselspannung und

Wechselstrom versetzt schwingen können, so dass die Verzögerung irgendwie berücksichtigt werden muss. Elektrische Leistung ist definiert durch Spannung mal Strom: Wenn der Strom zu einem Zeitpunkt *0* ist, die Spannung an der Stelle aber ihren Maximalwert erreicht, dann ist die Leistung zu diesem Zeitpunkt *0*.

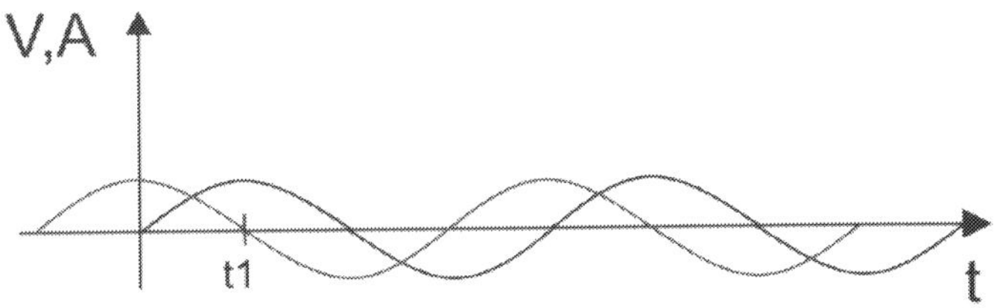

Beispielfunktion von Spannung und Strom

Zum Beispiel sehen wir in der Abbildung die Versetzung vom Strom (rote Linie) zur Spannung (schwarze Linie) aufgetragen über die Zeit *t*. Die Spannung hat beispielsweise einen Höchstwert von *5V* und der Strom einen Höchstwert von *5A*. Multiplizieren wir Strom mit Spannung, um die Leistung (*P* genannt) zu erfahren, sollten wir eigentlich $P = 5V \cdot 5A$ bekommen, also *25 VA* oder in der zugehörigen Einheit *25 Watt*. Aber so einfach ist es nicht, denn wir haben es mit Wechselstrom zu tun. Nehmen wir den Zeitpunkt t_1 (siehe Abbildung), dann sehen wir, dass die Spannung ihren Höchstwert hat, also die beispielhaften *5V*, der Strom ist aber an der Stelle *0*, so dass wir als Leistung $P = 5V \cdot 0A = 0$ *Watt* erhalten. Aus diesem Grund ist es wichtig, die Versetzung mit zu berücksichtigen und zu beschreiben. Dies ist nur ein Beispiel für die Verwendung von komplexen Zahlen. In den Vorlesungen wirst du außerdem die Polarkoordinaten-Darstellung kennenlernen sowie einige Rechenregeln, die es zu beachten gibt. Außerdem gibt es auf Youtube super Videos, wie die Videos von Jörn Loviscach zu den komplexen Zahlen.

Technische Mechanik

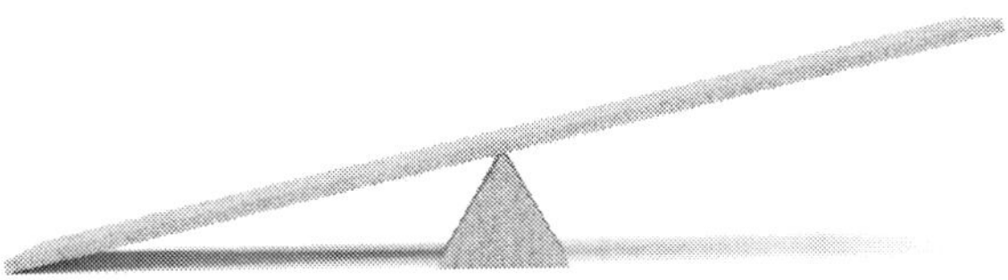

Zu Beginn schien mir die Technische Mechanik äußerst komplex und unverständlich. Doch als ich mich außerhalb der Vorlesungen mit Hilfe von Fachliteratur intensiv in das Thema einarbeitete, offenbarte sich das Fach als weit weniger schwierig und abstrakt, als es zunächst erschien. Denke daran, dich nicht von den vielen Formeln und Symbolen einschüchtern zu lassen.

In meinem ersten Semester startete ich mit der Statik, welche die Betrachtung von unbewegten Objekten oder Körpern, wie sie in der Mechanik genannt werden, im statischen Gleichgewicht beschreibt. So sind etwa ein Tisch und ein paar Stühle, die still in einem Raum stehen, im Gleichgewicht. Sollte man den Tisch jedoch anschieben und dadurch in Bewegung versetzen, würde dies nicht mehr der Statik entsprechen. Die grundlegende Regel in der Statik ist simpel: Auf jeden Körper wirken Kräfte, und die Summe dieser Kräfte ist gleich Null - andernfalls würde sich der Körper bewegen.

Eine essenzielle Fertigkeit, die du für die Technische Mechanik, insbesondere für die Statik, meistern musst, ist das korrekte Zeichnen eines Freikörperbilds. Das sogenannte „Freimachen" oder „Freischneiden" beinhaltet das Darstellen eines Körpers samt aller auf ihn wirkenden Kräfte. Dabei werden angrenzende Körper oder auch der Boden durch entsprechende Kräfte ersetzt. Sobald du das Freimachen beherrschst und ausreichend geübt hast, erstelle für jede Aufgabe konsequent ein Freikörperbild und stelle im Anschluss die Kräftesummen auf (dazu gleich mehr). So wird jede Aufgabe lösbar. Es ist ratsam, nicht zunächst darüber nachzugrübeln, welche Kräfte wo wirken und sich das Ergebnis selbst zusammenzupuzzeln! Freischneiden und die Gleichungen aufstellen sind immer dasselbe Schema F, und intuitives Denken ist eigentlich (fast immer) fehl am Platz und der größte Fehler, den viele machen. Denken kann man, nachdem man die Aufgabe gelöst hat und reflektieren, ob das errechnete Ergebnis Sinn ergibt. Mir kam dabei so manches Aha-Erlebnis.

Nun, um ein Freikörperdiagramm zu erstellen und anschließend die Kräftesummen zu bilden, gehst du folgendermaßen vor: Zunächst schneidest du den

Körper frei und ersetzt angrenzende Körper oder den Boden, auf dem der Körper aufliegt, durch entsprechende Kräfte. Im nächsten Schritt möchte ich dir ein einfaches Beispiel eines Freikörperdiagramms einer Leiter vorstellen, die an einer glatten Wand lehnt.

Zeichnen wir die Leiter von der Seite, so ist sie nur als Strich erkennbar, und wir betrachten so nur die x-y-Ebene (zweidimensional) der Leiter.

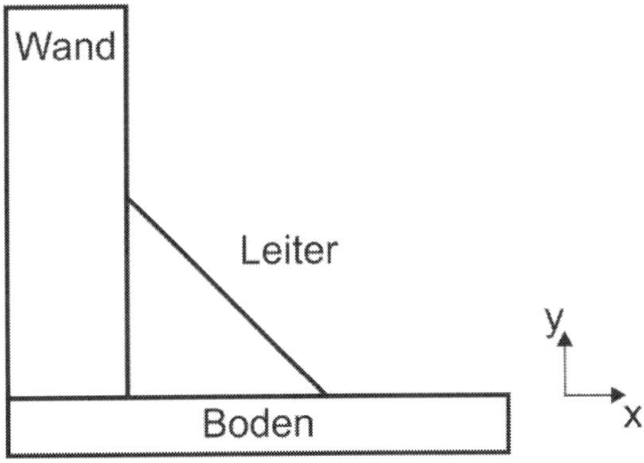

Nun schneiden wir die Leiter frei, also schneiden alle anderen Körper und den Boden weg und ersetzen sie durch Kräfte.

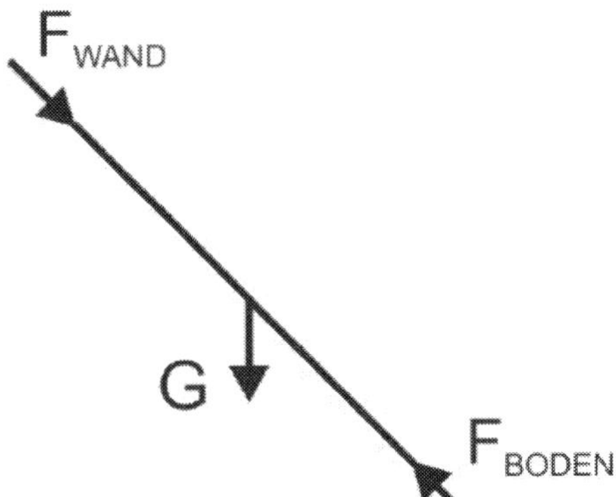

Wir haben nun eine Kraft, die vom Boden auf die Leiter wirkt F_{BODEN} (Anmerkung: Genauso wirkt, wenn wir den Boden freischneiden würden, die gleiche Kraft von der Leiter auf den Boden (actio=reactio, auch „Gegenwirkungsprinzip" genannt) in entgegengesetzter Richtung). Die Kraft vom Boden muss nach „oben“ zeigen, sonst würde die Leiter ohne den Boden ja herunterfallen. Genauso muss die Wandkraft auf die Leiter von der Wand „wegzeigen“, sonst würde die Leiter umkippen. Die genaue Richtung der Kraftvektoren (wie im Mathe-Teil angekündigt, kommt ein Vektor zum Einsatz) ist jedoch unbekannt. Das heißt, wir wissen nicht, wie groß der Winkel von der Bodenkraft und der Wandkraft zur Leiter ist. Die Gewichtskraft (der Leiter) hingegen zeigt immer vertikal nach unten. Die Gewichtskraft wird bei symmetrischen (und homogenen) Körpern immer in der Mitte angenommen.

Am einfachsten und eine gängige Methode ist es nun, die Kräfte in einen vertikalen Teil und einen horizontalen Teil aufzuteilen, ohne die jeweiligen Anteile zu kennen. Anschließend bilden wir ganz bequem die Kräftesummen, das heißt, wir addieren horizontale und vertikale Kräfte. Dazu kannst du auch den Abschnitt im vorherigen Kapitel „Mathematik“ zum Vektor nochmal durchlesen. Der Vorteil ist, dass die vertikale Kraft keinen Einfluss auf die horizontale Kraft hat (was du auch nochmal im Kapitel „Mathematik“ im Abschnitt zum Vektor an dem Tisch-Beispiel nachvollziehen kannst).

Somit sieht das Ganze wie folgt aus:

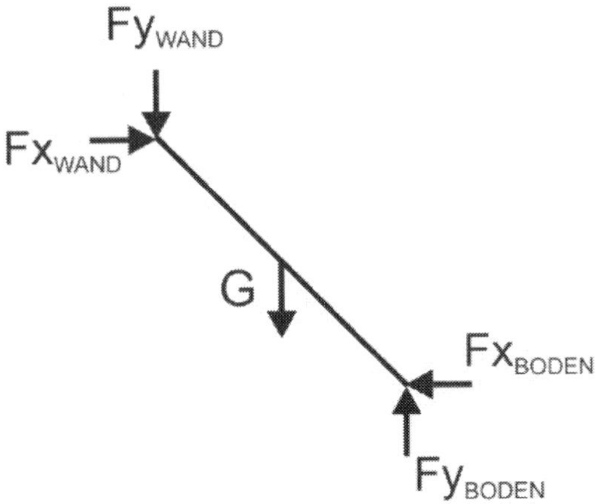

Fangen wir an mit der Kräftesumme in x-Richtung. Die Leiter rutscht nicht, weshalb die Summe *0* sein muss (Statik – nichts bewegt sich!). Die Kraftrichtungen werden dabei durch die Vorzeichen bestimmt:

$$0 = F_{x,Wand} - F_{x,Boden}$$
$$0 = F_{y,Boden} - F_{y,Wand} - G$$

Neben den Kräften müssen wir auch Momente berücksichtigen, welche als „Drehkräfte" bezeichnet werden. Diese ermöglichen weitere Gleichungen, um unbekannte Kräfte zu ermitteln. Dafür benötigen wir die sogenannten Hebelarme. Bekanntermaßen setzt sich ein Moment aus der Kraft multipliziert mit dem Hebelarm zusammen. Der Hebelarm ist stets der senkrechte Abstand zur wirkenden Kraft.

Ein anschauliches Beispiel ist das Wippen zwischen einer erwachsenen Person und einem kleinen Kind. Angenommen, eine 100-Kilogramm schwere Person (wie ich) möchte mit einem Kind wippen. Um dies zu ermöglichen, setzt sich die erwachsene Person auf ihrer Seite der Wippe näher zur Mitte und verkürzt somit den Hebelarm zum Drehpunkt (in diesem Fall das Gelenk der Wippe). Durch diese Anpassung des Hebelarms können trotz des großen Gewichtsunterschieds beide Personen gemeinsam wippen. Auch wenn die Wippe stillsteht, wirken Drehkräfte, also Drehmomente, und so können wir in unserem Leiterbeispiel weitere Gleichungen in den Drehrichtungen aufstelle..

Nehmen wir an, dass wir die Abstände für unsere Leiter nachgemessen haben und die „Höhe" und „Breite" gleich sind, nämlich *2a*. Für den Platzhalter „*a*" kann man jetzt alles einsetzten, z.B. *50 mm* oder *5 m* oder *1,2343 cm*. Hiermit wird nur gezeigt, dass die Größenordnung variabel ist und das Modell für alle Größendimensionen gilt. So macht man das an der Uni, woran man sich schnell gewöhnt (und gewöhnen muss).

Zurück zur Aufgabe: Wir suchen uns jetzt im Bild einen beliebigen Punkt heraus, um den wir drehen, also die Summe aller Momente bilden. Zum Beispiel wählen wir den Punkt *A* und stellen die Momentensumme auf – senkrechter Abstand mal Kraft. Die Kräfte lassen sich dabei auf ihrer

Wirkungslinie verschieben. Wir drehen um den Punkt gegen den Uhrzeigersinn und schauen auf die Vorzeichen der einzelnen Momente (Anmerkung: Würden wir mit dem Uhrzeigersinn drehen, würde übrigens das Gleiche herauskommen, wenn die entstandene Gleichung durch *-1* geteilt wird). Die Summe der Momente muss so wie bei den Summen der „geraden" Kräfte *0* ergeben, sonst würde die Leiter sich drehen bzw. bewegen; sie ist aber im Gleichgewicht.

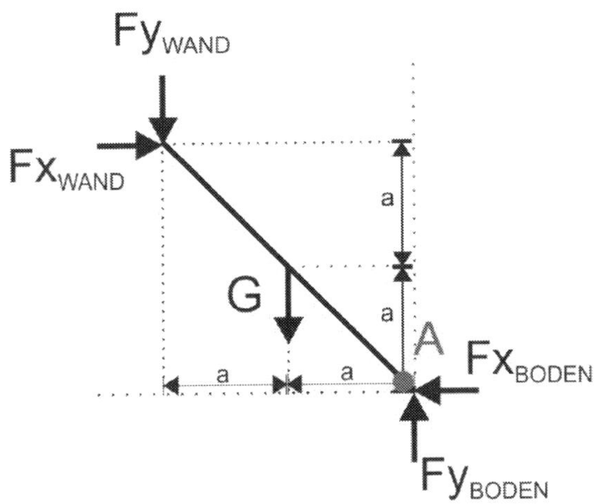

$$0 = -2aF_{x,Wand} + 2aF_{y,Wand} + aG + 0F_{x,Boden} + 0F_{y,Boden}$$

Du siehst, dass die Momente, die direkt am Punkt *A* angreifen, *0* werden, da der Hebelarm *0* ist. Man kann sich Punkte, um die man die Momentensumme bildet, selbst legen und somit die Inhalte der Gleichungen beeinflussen. Dieser Drehpunkt kann auch außerhalb des Körpers liegen. Ist die Gewichtskraft G gegeben, haben wir aber immer noch vier unbekannte Kräfte, aber nur drei Gleichungen, so dass wir noch eine Momentensumme bilden, um Punkt B und damit eine weitere Gleichung zu erhalten. Geschickt ist es, auch hier Drehpunkte zu wählen, an denen Kräfte wirken, um sie durch den fehlenden Hebelarm aus den Gleichungen zu eliminieren.

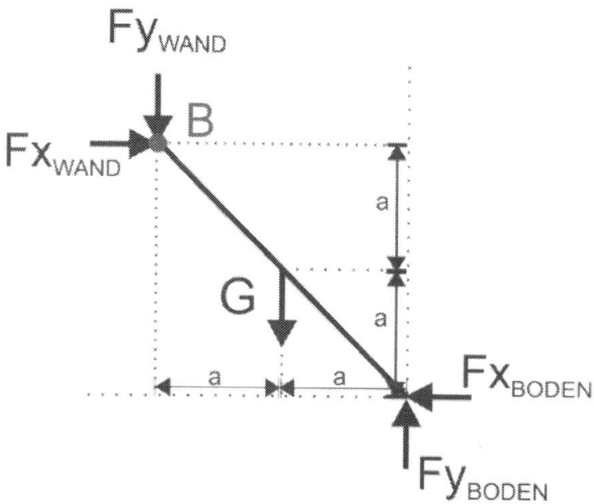

$$0 = -2aF_{x,Boden} + 2aF_{y,Boden} - aG + 0F_{x,Wand} + 0F_{y,Wand}$$

Jetzt haben wir vier unbekannte Variablen, nämlich die Wand- und Bodenkräfte und nehmen an, dass a und G bekannt sind. Die Leiter haben wir gewogen (oder das Gewicht aus der Anleitung entnommen) und den Abstand gemessen. Vier Unbekannte und vier Gleichungen. Das bedeutet, dass wir alle anderen Kräfte bestimmen können.

$$0 = F_{x,Wand} - F_{x,Boden} \quad (1)$$
$$0 = F_{y,Boden} - F_{y,Wand} - G \quad (2)$$
$$0 = -2aF_{x,Wand} + 2aF_{y,Wand} + aG \quad (3)$$
$$0 = -2aF_{x,Boden} + 2aF_{y,Boden} - aG \quad (4)$$

Wir können die letzten beiden Gleichungen (Gleichung 3 und 4) durch den Hebelarm teilen, so dass das a entfällt. Aus Gleichung 3 und 4 werden dann die Gleichungen 5 und 6:

$$0 = -2F_{x,Wand} + 2F_{y,Wand} + G \quad (5)$$
$$0 = -2F_{x,Boden} + 2F_{y,Boden} - G \quad (6)$$

Aus Gleichung 1 wird nach Umstellen ersichtlich:

$$F_{x,Wand} = F_{x,Boden} \quad (7)$$

Aus Gleichung 2 erhalten wir nach umstellen:

$$F_{y,Wand} = F_{y,Boden} - G \quad (8)$$

Wir könnten die Aufgabe zwar mit den Gleichungen schon lösen, was allerdings recht kompliziert wäre. Aber wir haben Glück, denn in der Aufgabenstellung steht, dass die Wand völlig glatt ist. Wir haben also überhaupt keine Reibkräfte an der Wand, so dass F_{yWamd} zu *0* wird. Auf dem Boden sieht das natürlich anders aus, sonst würde die Leiter ja wegrutschen, also kann F_{xBoden} nicht *0* sein.

Setzen wir nun Null für F_{yWand} in Gleichung 8 ein, dann erhalten wir:

$$F_{y,Boden} = G$$

Somit kennen wir schon die erste Kraft. Wir können auch in Gleichung (5) F_{yWand} Null setzen und wir bekommen:

$$0 = -2F_{x,Wand} + G$$

Woraus sich nach Umstellen für F_{xWand} ergibt:

$$F_{x,Wand} = \frac{G}{2}$$

Da in Gleichung 7 steht, dass F_{xWand} und $F_{X,Boden}$ gleich sind, bekommen wir auch für $F_{X,Boden}$:

$$F_{x,Boden} = \frac{G}{2}$$

Somit haben wir alle Kräfte bestimmt und egal, welches Leitergewicht wir einsetzen, die Gleichungen behalten ihre Gültigkeit. Wiegt die Leiter beispielweise *5 kg*, dann ist die Gewichtskraft *49,05 N*. Um von einem Gewicht auf eine Kraft zu kommen, müssen wir das Gewicht immer mit dem Gravitationsvektor $g=9,81m/s^2$ multiplizieren. Also, Gewichtskraft ist gleich Masse mal Gravitationsvektor oder in Formeln ausgedrückt:

$$G = m \cdot g$$

Nochmal eingesetzt:

$$F_{x,Boden} = \frac{m \cdot g}{2}$$

Regelungstechnik

Die Regelungstechnik begegnet dir in fast allen ingenieurwissenschaftlichen Disziplinen, weil sie überall da zum Einsatz kommt, wo Prozesse automatisiert werden sollen. Um einen Prozess zumindest theoretisch optimal zu regeln, solltest du ihn erstmal mathematisch beschreiben. Aber lass uns zuerst ein einfaches Beispiel zur Regelung anschauen:

Stell dir einen klimatisierten Raum vor, in dem die Temperatur geregelt wird. Wie der Name schon sagt, wird hier die Raumtemperatur beeinflusst und kontrolliert. Im Ingenieurwesen bedeutet „Regeln", im Gegensatz zum „Steuern", dass die zu beeinflussende Größe kontinuierlich überwacht und angepasst wird. Bei der Steuerungstechnik hingegen stellst du die Größe einfach ein, ohne ständig zu überprüfen, ob die Einstellung wirklich passt.

Beispiel: Bei einem Gasherd tippst du eine bestimmte Temperatur ein oder drehst bei einem älteren Modell den Einstellknopf auf eine bestimmte Stufe, die normalerweise einer festen Temperatur entspricht. In der Steuerung bedeutet das, den Gasstrom so einzustellen, dass die gewünschte Temperatur erreicht wird. Die Einstellung der Gasstrommenge basiert meist auf Erfahrungswerten, wobei jedem Gasventilöffnungsquerschnitt eine Temperatur zugeordnet ist. Bei all den Umwelteinflüssen, die eine Rolle spielen können, sollte es eigentlich jedem klar sein, dass solche Einstellungen ziemlich schnell ungenau werden können.

Bei einer Regelung geht es nun einen Schritt weiter als bei der Steuerung. Zusätzlich wird nämlich kontrolliert, ob die eingestellte Temperatur – sagen wir mal 120 Grad – tatsächlich erreicht, unterschritten oder überschritten wurde. Wenn die Temperatur noch nicht ganz passt, wird einfach nachjustiert. Der ganze Prozess wird ständig überwacht, und wie stark nachjustiert wird, hängt vom verwendeten Regler ab.

In diesem Beispiel ist die Gaszufuhr die sogenannte „Stellgröße", weil sie Einfluss auf die „Regelgröße" (in diesem Fall die Temperatur) nimmt – die Stellgröße wird eingestellt (kann im System beeinflusst werden), und die Temperatur wird geregelt. Die „Sollgröße" ist die Zieltemperatur, die du erreichen möchtest, also hier die 120 Grad. Die „Istgröße" hingegen ist die tatsächlich gemessene Temperatur zu einem bestimmten Zeitpunkt durch einen Temperatursensor. Angenommen, ein Temperatursensor misst 115 Grad als Istgröße. Dann hätten wir einen Unterschied, den Fehler, von 5 Grad zur angestrebten Sollgröße (siehe nächste Abbildung).

Mit den 5 Grad Abweichung bei der Einstellung der Gaszufuhr kann man jedoch direkt wenig anfangen. Die Frage ist: Wie viel Erhöhung oder Verringerung der Gaszufuhr – also des Gasvolumenstroms – ist nötig, um eine Temperaturänderung von 5 Grad zu bewirken? Schließlich handelt es sich bei Temperatur und Volumenstrom um zwei völlig unterschiedliche Größen.

Um diesen Zusammenhang zu ermitteln, kommen in der Regelungstechnik die sogenannten Reglerparameter ins Spiel. Sie stellen den Zusammenhang für einen bestimmten Regler her und ermöglichen es, die Regelung anzupassen. In der Praxis experimentiert man manchmal einfach mit den Reglerparametern, bis die Regelung zufriedenstellend funktioniert. Im theoretischen Bereich der Regelungstechnik, also im akademischen Kontext, wird der Zusammenhang jedoch mathematisch ermittelt.

Meistens wird der mathematische Zusammenhang des Systems durch eine Differentialgleichung dargestellt. Die Herausforderung besteht dann darin, einen optimalen Regler zu finden, dessen Parameter die Systemgleichungen beeinflussen und somit die Regelung verbessern. Durch die Anwendung der mathematisch ermittelten Reglerparameter kann die Regelung präziser gestaltet und die Gaszufuhr besser an die gewünschte Temperaturänderung angepasst werden.

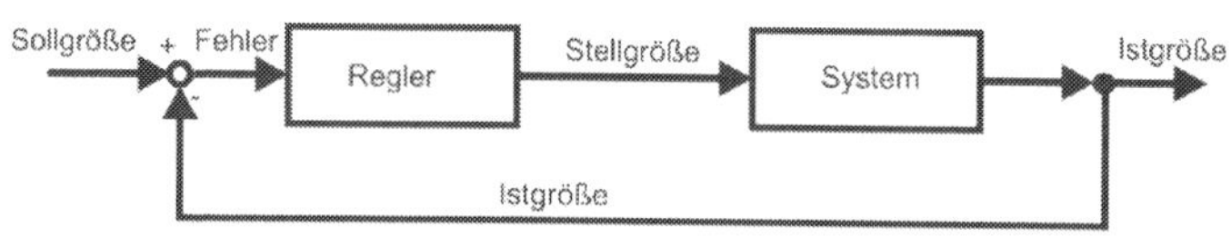

In unserem Beispiel wird also der Zusammenhang zwischen Gaszufuhr und Temperatur mathematisch beschrieben und ein Regler in die Gleichung integriert. Oftmals handelt es sich dabei um ziemlich komplizierte (Differential-)Gleichungen, die den natürlichen Zusammenhang zwischen Gaszufuhr und Temperatur beschreiben.

Um solche zeitabhängigen Gleichungen zu lösen, kommt die sogenannte Laplace-Transformation zum Einsatz. Sie ist ein mathematisches Werkzeug, das dabei hilft, diese komplexen Gleichungen in den Griff zu bekommen. Durch die Laplace-Transformation werden die ursprünglichen zeitabhängigen Gleichungen in einen anderen, einfacher zu handhabenden mathematischen Raum überführt. Dort lassen sich die Gleichungen leichter lösen und anschließend wieder in den ursprünglichen Raum zurücktransformieren.

So ermöglicht die Laplace-Transformation, den Zusammenhang zwischen Gaszufuhr und Temperatur handlicher zu beschreiben und den Regler so zu konfigurieren, dass die Regelung der Temperatur optimiert wird.

Ein weiteres Beispiel für modernste Regelungskunst ist die Regelung eines Segways, ein neuartiges motorisiertes Gefährt auf zwei Rädern auf quasi nur einer Achse. Die Steuerung sorgt dafür, dass man mit dem Gefährt jederzeit sicher unterwegs ist und nicht umkippt. Dabei wird die Geschwindigkeit der Räder nicht nur für die Fortbewegung genutzt, sondern auch, um das Gleichgewicht zu halten. Durch die

Verwendung von Gyroskop-Sensoren wird die Neigung des Fahrers als Istgröße gemessen und die Geschwindigkeit der Räder als Stellgröße beeinflusst. Zusätzlich kommen Beschleunigungssensoren zum Einsatz, um das Kippen des Fahrers zu überwachen. Bei einem drohenden Sturz wird wieder mit der Geschwindigkeit der Räder gegengesteuert, um den Körper des Fahrers in die gewünschte Richtung zu bringen. Diese komplexe Regelung erfordert eine sehr schnelle Überprüfung der Körperposition und eine ständige Anpassung der Geschwindigkeit der Räder, was bei einem Segway mehrere Male pro Sekunde passiert.

Egal, mit welchem Gefährt du dich auf den Weg zur Uni machst, ich wünsche dir eine sichere und angenehme Fahrt! Vielleicht wirst du eines Tages eine ähnlich wegweisende Regelung wie die des Segways entwickeln, wenn du Spaß am Tüfteln und an Regelungstechnik hast.

Thermodynamik

Die Thermodynamik fällt in den Bereich des umgangssprachlich „warmen" Maschinenbaus, weil sie sich mit Energiebilanzen bei Temperaturänderungen beschäftigt. Hier geht es um Energie, die zwischen Komponenten oder mit der Umgebung ausgetauscht wird. Im Kontext der technischen Anwendungen liegt der Fokus auf der Umwandlung von Energie in andere Energieformen.

Ein gutes Beispiel hierfür ist ein Auto: Die Verbrennungsenergie im Motor wird in Bewegungsenergie des Autos bzw. in die Drehbewegung der Antriebswelle umgewandelt. Ein weiteres Beispiel ist der elektrische Herd: Hier wird elektrische Energie in Wärmeenergie umgewandelt, um das Kochgut zu erhitzen.

Auch bei Kühlschränken findet eine Energieumwandlung statt, nämlich die Umwandlung von elektrischer Energie in Wärmeenergie. Wie jeder weiß, ist jedoch eine Temperaturerhöhung im Inneren des Kühlschranks unerwünscht, um die Lebensmittel kühl zu halten.

Eine spannende Frage, die sich mit Hilfe der Thermodynamik am Beispiel des Kühlschranks beantworten lässt, lautet: Wird die Küche kühler, wenn man die Kühlschranktür offenlässt? Um diese Frage zu lösen, ziehen wir sogenannte Systemgrenzen um den Kühlschrank. In der Thermodynamik arbeitet man immer mit solchen Systemgrenzen. Theoretisch kann man sie beliebig setzen – etwa um eine einzelne Komponente wie den Motor oder um das gesamte Auto – je nachdem, wie man die Aufgabe sinnvoll lösen kann oder welche Energieform gefragt ist.

Systemgrenzen helfen dabei, herauszufinden, welche Energie- oder Massenströme in ein System hinein- und wieder herausfließen. Anschließend kann man eine Energiebilanz aufstellen.

Zurück zur Frage des offenen Kühlschranks: Wenn wir die Systemgrenzen um den Kühlschrank ziehen und betrachten, welche Energieströme in die Küche gelangen, stellen wir fest, dass der Kühlschrank Wärme an die Umgebung abgibt, um das Innere zu kühlen. Daher wird die Küche insgesamt nicht kühler, wenn die Kühlschranktür offenbleibt – im Gegenteil, sie würde sogar wärmer werden, da der Kühlschrank kontinuierlich arbeiten und dabei Wärme abgeben muss, um die Temperatur im Inneren zu senken.

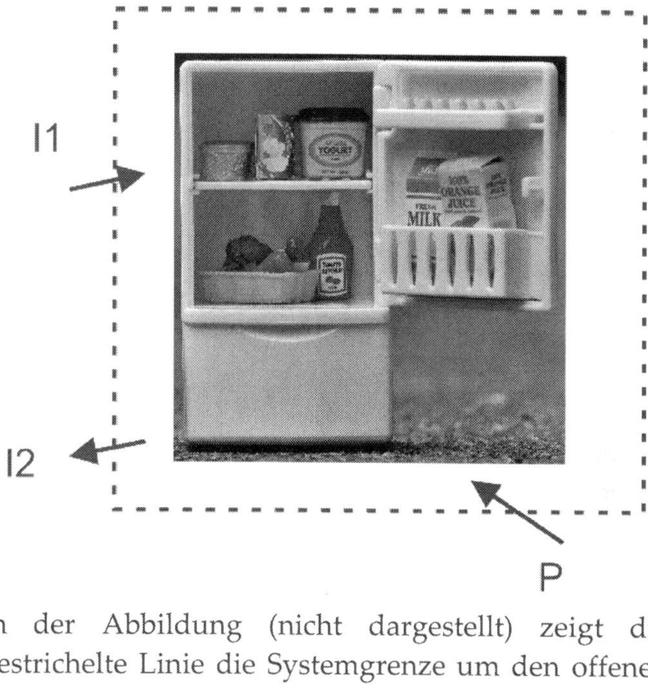

In der Abbildung (nicht dargestellt) zeigt die gestrichelte Linie die Systemgrenze um den offenen Kühlschrank. *I1* repräsentiert den Wärmestrom (nach Definition von heiß nach kalt) der Abkühlung – die Umgebungswärme wird also von der kalten Luft im Inneren des Kühlschranks angezogen. *I2* zeigt die Abwärme des Kühlschranks, die an die Umgebung abgegeben wird. Die Antriebseinheit, die meist an der Rückseite des Kühlschranks und außerhalb des Kühlraums liegt, erwärmt sich dabei.

P steht für die Energie, die in Form von elektrischer Energie aus einer Steckdose in den Kühlschrank „gepumpt" wird. Wenn wir alle Energien zusammenzählen, erhalten wir *0*, da wir keine Energie erzeugen (wir können ja nicht zaubern) und in unserer Rechnung keine Verluste berücksichtigt haben. Natürlich können wir die Abwärme nicht nutzen, aber es findet lediglich eine Umwandlung von Energie in andere Energieformen statt – in diesem Fall wird elektrischer Strom in Wärmeströme umgewandelt. So bekommen wir folgendes Ergebnis (Vorzeichen beachten → was geht rein, was geht raus):

$$P + I1 - I2 = 0$$

Die Gleichung lässt sich nun umstellen zu:

$$P + I1 = I2$$

An der letzten Gleichung erkennt man deutlich, dass die Abwärme *I2* deutlich größer als *I1* sein muss, da es die Summe aus elektrischer Energie *P* und Kühlstrom *I1* (Wärmestrom in den Schrank) ist. Das bedeutet, auf die Fragestellung bezogen, dass der Raum sich nicht abkühlen kann. Bei offener Kühlschranktür wird die Küche sogar noch erwärmt, da *I2* größer als *I1* ist. Außerdem wird für eine

Temperaturregelung im Kühlschrank noch mehr Energie gebraucht, um die Temperatur konstant zu halten und somit noch mehr Abwärme erzeugt. Bei gegebenen Größen wie Strom und Kühlschrankverbrauch kann man die Energiemengen bestimmen.

Konstruktionslehre

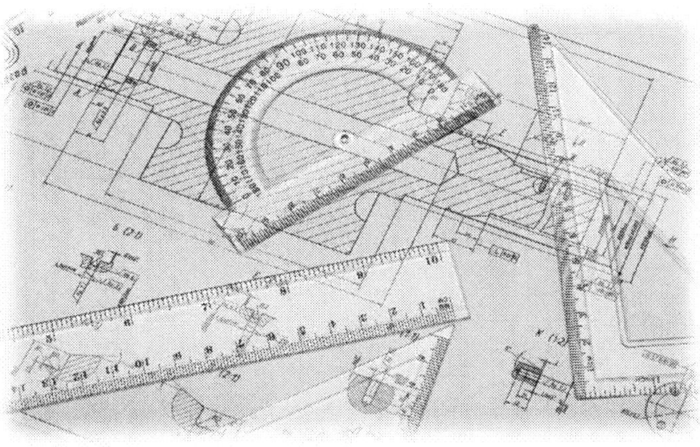

Als ich in die Konstruktionslehre einstieg, war es für mich anfangs ziemlich knifflig, obwohl der Matheanteil recht gering war. Die Inhalte erschienen mir ziemlich abstrakt. Wenn du allerdings ein bisschen praktische Erfahrung hast, zum Beispiel schon mal in einer Werkstatt gearbeitet hast oder dich für die Funktionsweise von Autos (Kupplungen, Getriebe) interessierst, hast du auf jeden Fall einen Vorsprung. Aber wenn du wie ich damals ohne jegliche Vorkenntnisse anfängst, könnte es etwas schwieriger werden. Sobald du aber den Dreh raus hast und verstanden hast, worum es geht, ist das Fach wirklich alles andere als kompliziert.

Die Konstruktionslehre verkörpert den klassischen Maschinenbau wie kaum ein anderes Fach. Schließlich muss jede Maschine konstruiert, also entworfen und gebaut werden. In den Vorlesungen wirst du viele technische Zeichnungen und virtuelle Konstruktionen von Bauteilen in einer CAD-Software sehen. Ein typisches Beispiel, das immer wieder in den Vorlesungen auftaucht, ist die Konstruktion eines Autogetriebes. Um einen ersten Eindruck zu bekommen, könntest du dir im Internet anschauen, wie so ein Getriebe aussieht und wie Getriebeteile in technischen Zeichnungen dargestellt werden. So kannst du schon mal einen kleinen Vorgeschmack auf das Fach bekommen und dich besser vorbereiten.

Wenn du dann in die Praxis einsteigst, ist es hilfreich, dich mit einigen grundlegenden Konstruktionsregeln vertraut zu machen: Wie lagert man eine Welle ? Oder wie berechnet man eine Übersetzung? Bevor du dich damit beschäftigst, ist es natürlich gut zu wissen, was eine Welle und ein Lager überhaupt sind. Das macht die Sache gleich viel einfacher. Lass mich versuchen, dir das kurz und knapp zu erklären: Eine Welle ist einfach ein Rohr (Hohlwelle) oder eine Stange, auf die zum Beispiel Zahnräder und Lager aufgebracht und fixiert werden. Das Lager sorgt dafür, dass die Welle sich drehen kann.

Zahnräder gibt es in verschiedenen Ausführungen. Sie drehen sich zusammen mit der Welle und greifen in weitere Zahnräder ein, um so Drehbewegungen zu übertragen (siehe nächste Abbildung). So kannst du dir vorstellen, wie die Bewegung von einem Zahnrad zum anderen weitergegeben wird und die verschiedenen Teile eines Mechanismus miteinander interagieren.

In der Abbildung kannst du sehen, dass Zahnräder unterschiedliche Größen haben können, um verschiedene Übersetzungen zu ermöglichen. Ein kleines Beispiel: Links entdeckst du zwei etwa gleich große Zahnräder, die ineinandergreifen. Auch die beiden großen Zahnräder rechts sind gleich groß. Gleichgroße Zahnräder drehen sich mit der gleichen Geschwindigkeit. Wenn wir jedoch ein größeres und ein kleineres Zahnrad haben, die ineinandergreifen (wie es in der Abbildung auch ein paar Mal zu sehen ist), dreht sich das kleine Zahnrad schneller als das große. Das Geschwindigkeitsverhältnis entspricht dem Verhältnis der Durchmesser oder der Anzahl der Zähne der beiden ineinandergreifenden Zahnräder.

Mit unterschiedlich großen Zahnrädern können verschiedene Drehzahlen erreicht werden, wie bei den verschiedenen Gängen eines Autos oder der Gangschaltung (Kettenschaltung) eines Fahrrads. Beim Fahrradfahren merkst du das ziemlich deutlich: Bei großen Zahnrädern trittst du mit mehr Kraft langsamer, während bei kleinen Zahnrädern weniger Kraftaufwand nötig ist, aber dafür musst du öfter treten – der Weg ist länger. So kannst du je nach Situation die passende Gangstufe wählen, um optimal voranzukommen.

Die Kombination der Zahnräder, die ineinandergreifen, oder beim Fahrrad über die Kette miteinander verbunden sind, bestimmt eine bestimmte Übersetzung. Wenn du auf einer flachen

Strecke unterwegs bist, wählst du eine hohe Übersetzung, um eine höhere Geschwindigkeit zu erreichen. Hingegen, wenn es bergauf geht, ist eine niedrigere Übersetzung praktisch, da der Weg der Kette länger wird und der Kraftaufwand kleiner.

Die Übersetzung berechnet sich aus dem Verhältnis der Zähnezahl z oder dem Durchmesser d von Antriebs- und Abtriebszahnrad. Die Drehzahlen n stehen im umgekehrten Verhältnis dazu, weil sich das kleinere Zahnrad schneller drehen muss als das größere Zahnrad, um den gleichen Weg zu erreichen. Also, wenn du auf deinem Bike den Gang wechselst, veränderst du die Übersetzung, um in verschiedenen Situationen die ideale Geschwindigkeit und den richtigen Kraftaufwand zu haben.

$$i = \frac{z_{Abtrieb}}{z_{Anbtrieb}} = \frac{d_{Abtrieb}}{d_{Antrieb}} = \frac{n_{Antrieb}}{n_{Abtrieb}}$$

Je kleiner die Übersetzung beim Fahrrad, desto einfacher wird es, in die Pedale zu treten. Du kennst sicher den Spruch „Arbeit gleich Kraft mal Weg". Wenn der Weg länger wird, sinkt der Kraftanteil. Man kann das mit dem Beispiel eines riesigen Bücherstapels vergleichen: Entweder schleppt man sich einmal keuchend mit dem ganzen Stapel zum Auto oder geht mehrmals entspannt hin und her, aber nur mit ein paar Büchern auf einmal. Es ist im Grunde eine Frage des Ausgleichs zwischen Kraft und Weg, um die Arbeit zu erledigen, ohne dabei aus der Puste zu kommen.

Werkstoffkunde

Wenn du in der Konstruktion oder Mechanik mit Materialien hantierst, ist es wichtig, die Eigenschaften dieser Materialien zu kennen. Immerhin existieren die starren Körper wie in der technischen Mechanik nur in der Theorie. Aber keine Sorge, in der Werkstoffkunde liegt der Fokus mehr auf dem Verständnis der Materialeigenschaften als auf komplizierten Rechenkünsten, obwohl es natürlich auch hier mathematische Kenngrößen gibt, die diese Eigenschaften beschreiben.

Du solltest ein paar grundlegende Begriffe kennen, die Werkstoffeigenschaften beschreiben, damit du einen Werkstoff je nach Anwendungsfall richtig einschätzen kannst. Die Auswahl des passenden Materials für ein zu entwickelndes Produkt basiert auf verschiedenen Vergleichsparametern. Um in diesem Fach richtig durchzustarten, ist es hilfreich, viel über Materialien zu lesen und einige Kennwerte oder Begriffe auswendig zu lernen. Aber keine Angst, der Lernaufwand hält sich insgesamt in Grenzen.

Die Eigenschaften unterschiedlicher Werkstoffe lassen sich super am Beispiel von Fahrradrahmen verdeutlichen. Es gibt Rahmen, die aus verschiedenen Materialien gefertigt sind, und jedes Material bringt seine eigenen Besonderheiten mit sich. Im Folgenden stelle ich dir einige Materialien kurz vor. Abschließend schauen wir uns das Beispiel Aluminium genauer an, um dir zu zeigen, welche Materialeigenschaften in der Werkstoffkunde wirklich wichtig sind. Also, lass uns einen genaueren Blick auf die Materialien der Fahrradrahmen werfen:

Titan

Titan ist als Material für Fahrradrahmen tatsächlich eher selten anzutreffen, und das hat seine Gründe. Dieses exotische Metall lässt sich nur schwer verarbeiten, beispielsweise beim Gießen oder Umformen. Dadurch gestaltet sich die Herstellung aufwendig und damit verbunden ziemlich kostspielig. Allerdings bekommt man für den hohen Preis auch herausragende mechanische Eigenschaften.

Titan ist ein bemerkenswert elastisches Material, das Fahrradfahrern ein angenehmes Fahrgefühl vermittelt. Die Elastizität des Materials trägt dazu bei, dass Schwingungen und Stöße besser abgefedert werden. Somit kann man sich oft eine zusätzliche Federung am Fahrrad sparen, da der Rahmen bereits eine gute Dämpfung bietet. Aber was bedeutet Elastizität genau? Im weiteren Verlauf werden wir diesen Begriff noch genauer unter die Lupe nehmen und erklären, warum diese Eigenschaft für Fahrradrahmen so wichtig ist.

Stahl wird natürlich nicht nur bei Fahrrädern eingesetzt - Stahl ist der Standardwerkstoff im Maschinenbau und ein wichtiges Baumaterial im Bauwesen.

Stahl, ein Klassiker unter den Materialien, hat definitiv seine Vorzüge und wird auch heute noch gerne für Fahrradrahmen verwendet. Stahl ist eine Legierung, bei der Eisen der Hauptbestandteil ist und zusätzliche geringe Mengen anderer Elemente beigemischt werden, um die Materialeigenschaften zu optimieren – zum Beispiel Schwefel oder Nickel. Die Eigenschaften von Stahl werden hauptsächlich durch den Kohlenstoffanteil bestimmt.

Einer der Vorteile von Stahl ist seine hohe Festigkeit, was bedeutet, dass er nicht so leicht bei Belastungen bricht. Das ist beim Fahrradfahren natürlich ein Pluspunkt, da man sich auf die Stabilität des Rahmens verlassen möchte. Allerdings hat Stahl auch eine hohe Dichte, was zu einem höheren Gewicht führt. Das kann beim Fahrradfahren, insbesondere im Radsport, ein Nachteil sein, denn jedes Gramm weniger kann einen spürbaren Unterschied in der Geschwindigkeit ausmachen.

Trotz seines höheren Gewichts bleibt Stahl eine beliebte Wahl für Fahrradrahmen – vor allem bei robusten Alltagsrädern, bei denen das Gewicht weniger wichtig ist und Stabilität und Langlebigkeit im Vordergrund stehen.

Dank jahrhundertelanger Erfahrung im Umgang mit Stahl haben sich die Fertigungsverfahren kontinuierlich weiterentwickelt, so dass die Verarbeitung heute äußerst effizient ist. Allerdings neigt Stahl dazu, recht zügig zu rosten. Um diesem unerwünschten Effekt entgegenzuwirken, kann man das Material wie den Fahrradrahmen mit speziellen, hochwertigen Lackierungen behandeln, die das Material schützen und den Rostbildungsprozess deutlich verlangsamen.

Stahlschrauben werden meist mit einer Antirostschicht produziert, damit sie nicht so aussehen wie in der Abbildung

Magnesium, ein eher ungewöhnliches Material für Fahrradrahmen, fasziniert durch seine geringe Dichte und bietet dadurch erhebliche Gewichtsvorteile. Tatsächlich ist es sogar noch leichter als Aluminium. Doch dieses exotische Metall hat auch seine Tücken: Es ist nämlich ziemlich spröde, was bedeutet, dass es ohne Vorwarnung brechen kann. Dadurch ergeben sich keine sichtbaren Anzeichen wie Risse oder Verformungen vor einem Bruch, was beim Radfahren ein ernstzunehmendes Sicherheitsrisiko darstellen kann.

Die Verarbeitung von Magnesium ist ebenfalls eine Herausforderung, da es sich nicht so einfach wie andere Materialien handhaben lässt. Zum Beispiel ist das Schweißen von Magnesium schwierig oder sogar unmöglich. Dennoch hat dieses außergewöhnliche Material seinen Platz in der Welt der Fahrradrahmen gefunden und bietet für manche Fahrer eine interessante, ultraleichte Alternative – solange man sich der möglichen Risiken bewusst ist.

Moderne Rennräder besitzen meist eine Carbon-Gabel. Dies spart Gewicht und sorgt für eine angenehme Dämpfung beim Fahren, im Vergleich zu Aluminium.

Carbon, auch bekannt als faserverstärkter Kunststoff, ist ein vergleichsweise junges Material, das aufgrund seiner Gewichtseinsparungen in Branchen wie der Automobil- und Luftfahrtindustrie intensiv erforscht und bereits häufig eingesetzt wird. Die Herstellung dieses innovativen Werkstoffs ist allerdings recht aufwendig, was sich im Preis für unseren fiktiven Fahrradrahmen bemerkbar macht.

Die Verarbeitung von Carbon gestaltet sich ebenfalls anspruchsvoll, da es sich um Fasern handelt, die in einem Kunststoff eingebettet sind. Hierfür sind unkonventionelle Fertigungsverfahren erforderlich, die Expertise und Präzision erfordern. Doch all dieser Aufwand für die Herstellung und Verarbeitung von Carbon kann sich lohnen: Man erhält ein Material mit hervorragenden mechanischen Eigenschaften bei gleichzeitig geringem Gewicht.

Natürlich hat diese beeindruckende Kombination aus hervorragenden mechanischen Eigenschaften und Leichtigkeit ihren Preis – und der spiegelt sich im höheren Kostenpunkt für den aufwändigen Produktionsprozess wider. Dennoch entscheiden sich viele für Carbon-Fahrradrahmen, da die Vorteile dieses modernen Materials die Investition für viele Radfahrer, insbesondere im Profi- und High-End-Bereich, wert sind.

Bambus kommt in der europäischen Natur nicht vor, dementsprechend ist das exotische Material wenig verbreitet.

Bambus ist ein äußerst ungewöhnliches Material für Fahrradrahmen, das auf den ersten Blick für Aufsehen sorgt. Bei seltenen Gelegenheiten kann man Radfahrer mit solch einem exotischen, hölzernen Rahmen erblicken und wird neugierig auf dessen Eigenschaften. Ein großer Vorteil dieses Materials ist das beeindruckend geringe Gewicht, welches für eine besonders leichte und wendige Fahrweise sorgt. Zudem federt Bambus Stöße auf natürliche Weise elastisch ab, was für zusätzlichen Fahrkomfort sorgt.

Allerdings erfordern die Verarbeitung und Fertigung eines Bambus-Fahrradrahmens eine beachtliche Menge an handwerklichem Geschick und Aufwand. Das Material kann weder gegossen noch geschweißt werden, was die Herstellung zu einer echten Herausforderung macht. Ein weiterer Nachteil ist die Empfindlichkeit gegenüber Feuchtigkeit, die den Rahmen beeinträchtigen oder seine Eigenschaften verändern kann. Das bedeutet, dass Bambusrahmen bei wechselnden Wetterbedingungen nur bedingt geeignet sind.

Die Motivation für einen Radfahrer, sich für einen solchen Rahmen zu entscheiden, liegt häufig in der Extravaganz und der außergewöhnlichen Optik. Ein Bambusrahmen ist ein echter Hingucker und verleiht dem Fahrrad eine besondere Note, die es von der Masse abhebt. Trotz seiner gewissen Nachteile schätzen manche Fahrer die Einzigartigkeit und den ökologischen Aspekt eines solchen Rahmens, der ihn zu einer faszinierenden Wahl macht.

Aluminium ist ein echt günstiger Werkstoff und hat ziemlich gute mechanische Eigenschaften. Allerdings muss man die Geometrie des Rahmens anpassen, um ähnlich gute Eigenschaften wie bei Stahlrahmen hinzukriegen. Deshalb sind Alurahmen oft deutlich dicker als Stahlrahmen, was den Gewichtsvorteil manchmal wieder ausgleicht.

Trotzdem ist Aluminium ein ziemlich häufig verwendetes Material, das in der Industrie weit verbreitet ist. Ein weiterer Pluspunkt ist, dass es recht langsam korrodiert, also umgangssprachlich gesagt, nicht so schnell rostet. Aluminium bildet an der Oberfläche durch die Reaktion mit Sauerstoff eine Schutzschicht, so dass das Material nicht weiter „durchrostet".

Wenn man noch andere Metalle wie Mangan oder Kupfer beimischt, kann man die Eigenschaften von Aluminium sogar noch verbessern – so entstehen die sogenannten Aluminiumlegierungen. Also alles in allem ist Aluminium ein echt praktischer und günstiger Werkstoff, der trotz ein paar kleiner Schwächen viele Vorteile mit sich bringt! Deshalb ist er wohl auch der häufigste verwendete Werkstoff für die Fahrradrahmen. Im Folgenden findest du, wie angekündigt, ein paar Eigenschaften von Aluminium, mit denen sich Begriffe aus der Werkstoffkunde beispielhaft erklären lassen.

Eigenschaften von Aluminium

Dichte von Aluminium: 2,70 g/cm³

Die Dichte ist das Verhältnis von Gewicht zu Volumen und ermöglicht es uns, das Gewicht verschiedener Materialien miteinander zu vergleichen. Stell dir mal einen riesigen Aluminiumblock und eine kleine Stahlkugel vor – natürlich wirkt der Aluminiumblock schwerer. Aber um wirklich herauszufinden, welches Material „schwerer" oder „leichter" ist, müssen wir das Gewicht auf das gleiche Volumen beziehen. Dann können wir die Dichte der beiden Materialien vergleichen und herausfinden, welches von beiden leichter oder schwerer ist. So können wir objektive Entscheidungen über die Verwendung von Materialien in verschiedenen Anwendungen treffen.

Schmelzpunkt von Aluminium: 933,35 K (oder in Grad: 660,2 °C)

Die Temperatureinheit Kelvin [K] ist wahrscheinlich erstmal neu für dich. In der Technik wird sie bevorzugt verwendet, weil sie einfach logischer ist als die Gradskala. Bei minus *273,15°C* haben wir die niedrigste mögliche Temperatur in unserer Atmosphäre – das ist der Punkt, an dem die Atome stillstehen. In Kelvin entspricht das einer Temperatur von *0 K.* Um zwischen Grad Celsius und Kelvin umzurechnen, musst du einfach immer *273,15* addieren oder subtrahieren.

Der Schmelzpunkt ist die Temperatur, bei der ein Material flüssig wird. Ein Beispiel: Hättest du einen Kochtopf aus reinem Aluminium, solltest du ihn nicht über *660,2°C* erhitzen – was bei normalem Hausgebrauch mit einem Standardherd sowieso nicht möglich ist. Der Vorteil von schmelzbaren Metallen wie Aluminium ist, dass sie gegossen werden können. Gießen ist ein grundlegendes Fertigungsverfahren in der Werkstoffkunde: Du gießt das flüssige Metall in eine Form und lässt es anschließend abkühlen (erstarren). Das Metall verfestigt sich und nimmt die Negativform der Gießform an.

Der Gießprozess ist ziemlich komplex, und in der Werkstoffkunde lernst du, wie Temperaturverlauf und Abkühlgeschwindigkeit die inneren mechanischen Spannungen im Bauteil beeinflussen. Diese Faktoren werden in der Industrie gezielt genutzt, um Materialeigenschaften zu steuern und optimieren.

Kristallstruktur von Aluminium: kubisch flächenzentriert

Die innere Kristallstruktur eines Metalls, also die Anordnung von Atomen, die sich im Material wiederholen, mag auf den ersten Blick abstrakt wirken. Doch sie hat großen Einfluss auf die Materialeigenschaften und ist daher ein zentraler Bestandteil der Werkstoffkunde. Im Fall von Aluminium ist die Anordnung der Atome innerhalb einer Elementarzelle wie in der folgenden Abbildung dargestellt. Diese Elementarzelle wiederholt sich immer wieder im gesamten Bauteil, da es aus unzähligen Atomen besteht.

Interessanterweise kann sich diese Anordnung oder das Muster aufgrund von Temperaturänderungen verändern, was wiederum die Materialeigenschaften beeinflusst. Das Muster, das die Anordnung der Aluminiumatome beschreibt, wird als *kubisch flächenzentrierte Packung* bezeichnet. Diese Anordnung der Atome ist in der Regel durch gute Umformeigenschaften gekennzeichnet.

Umformeigenschaften sind wichtig, wenn es darum geht, das Material in die gewünschte Form zu bringen, z. B. beim Biegen, Walzen oder Pressen. Wenn ein Metall gute Umformeigenschaften hat, kann es leichter in unterschiedliche Formen gebracht werden, ohne dabei zu brechen oder seine Festigkeit zu verlieren.

Es ist also faszinierend, wie die Anordnung der Atome auf mikroskopischer Ebene einen so bedeutenden Einfluss auf die Eigenschaften und Verarbeitbarkeit eines Materials haben kann. Durch das Verständnis dieser Zusammenhänge können Ingenieure und Materialwissenschaftler gezielt Materialien entwickeln und anpassen, um die gewünschten Eigenschaften für verschiedene Anwendungen zu erreichen.

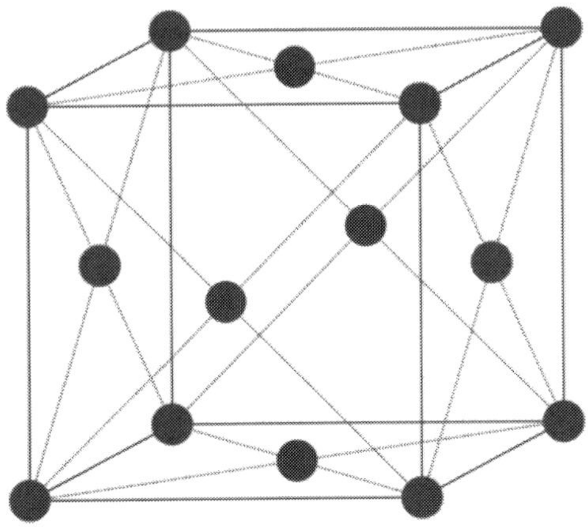

E-Modul von Aluminium: 70.000 N/mm²

Das Elastizitätsmodul (E-Modul) beschreibt das Verhältnis von Spannung zu Dehnung eines Materials, wenn es im elastischen Bereich belastet wird. In diesem Bereich verformt sich das Material, kehrt aber nach der Belastung wieder in seine ursprüngliche Form zurück. Dieses Verhalten wird durch die sogenannte Hookesche Gerade dargestellt, die eine Gerade ist.

Ein gutes Beispiel, um das Konzept der Elastizität zu verdeutlichen, ist ein Gummiband. Wenn du ein Gummiband auseinanderziehst und dann loslässt, kehrt es wieder in seine ursprüngliche Form zurück. Das liegt daran, dass das Gummiband im elastischen Bereich verformt wurde und somit seine ursprüngliche Form beibehalten kann, sobald die Belastung entfernt wird.

Der E-Modul ist ein wichtiger Wert, um das Verhalten von Materialien unter Belastung zu verstehen. Er gibt Aufschluss darüber, wie steif oder flexibel ein Material ist. Materialien mit einem hohen E-Modul sind steifer, was bedeutet, dass sie weniger nachgeben, wenn sie belastet werden. Materialien mit einem niedrigen E-Modul sind hingegen flexibler und verformen sich leichter unter Belastung.

Das Wissen um den E-Modul hilft Ingenieuren und Materialwissenschaftlern dabei, geeignete Materialien für verschiedene Anwendungen auszuwählen, indem sie die benötigte Steifigkeit oder Flexibilität berücksichtigen.

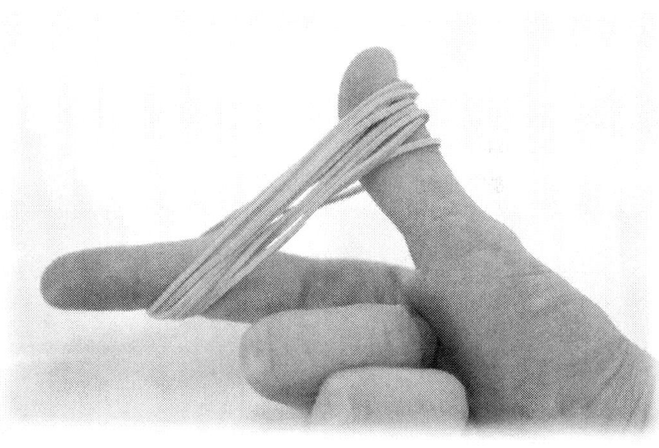

Ein höheres E-Modul bedeutet, dass mehr Kraft benötigt wird, um ein Material zu verformen. Zum

Beispiel hat Metall im Vergleich zu Gummi ein wesentlich höheres E-Modul. Wenn an einer Materialprobe so stark gezogen wird, dass sie sich nicht mehr in ihre Ausgangsform zurückverformt, spricht man von einer plastischen Verformung.

In der Umformtechnik wird dieser Effekt gezielt genutzt, etwa wenn ein Blech so stark in eine Form gedrückt wird, dass es sich in eine Autotür verwandelt. Dabei wird der elastische Bereich des Blechs überschritten und es verformt sich plastisch. Metalle verformen sich meist nur wenig elastisch und der plastische Bereich ist schnell erreicht.

Jeder, der schon mal einen Löffel oder eine Gabel gebogen hat, kann das bestätigen. Wenn du den Löffel zu stark biegst, wird er nicht mehr eigenständig in seine Ursprungsform „zurückfedern". Stattdessen bleibt er in der verformten Position, da er plastisch verformt wurde.

Produktionstechnik

Produktionstechnik - was genau steckt dahinter? Bevor ich ins Studium einstieg, war mir der Begriff zwar geläufig, aber seine wahre Bedeutung wurde mir erst während meiner akademischen Laufbahn bewusst. Im Maschinenbau ist die Produktionstechnik oft eine Vertiefungsrichtung oder sogar ein eigener Studiengang. In unserer modernen, industrialisierten Welt wird so ziemlich alles produziert: Autos (das klassische Beispiel im Maschinenbau), Lebensmittel, Kleidung, Unterhaltungselektronik wie Smartphones, Möbel und vieles mehr.

Die Produktionstechnik dreht sich in erster Linie um Fertigungsverfahren, die es ermöglichen, all diese Produkte in Massen herzustellen. Die Entwicklung eines einzelnen Prototyps gehört dabei nicht zur Produktionstechnik. Zum Beispiel wird ein Smartphone zunächst am Computer in einem CAD-Programm entworfen. Schon hier kann man Material und Form virtuell erschaffen. Auch Elektronik und Software werden vor der Serienproduktion entwickelt. Das fertig geplante Smartphone muss anschließend „nur noch" in der gewünschten Stückzahl hergestellt werden, was in der Produktion geplant und umgesetzt wird.

In diesem spannenden Bereich gibt es viele verschiedene Unterdisziplinen: Zunächst spielen Logistik und Planung eine Rolle. Dann müssen Fragen geklärt werden wie: Welche Materialien werden benötigt? Sind die erforderlichen Rohstoffe für die Herstellung vorhanden oder können sie beschafft werden? Wie sieht das Layout der Produktionslinie aus, und wie ist der Informationsfluss in der dazugehörigen Fabrik organisiert? Wie steht es um die Kosten? Welche Maschinen werden für die Produktion benötigt? Was kostet die Herstellung und was verdient das Unternehmen letztendlich daran?

Neben wirtschaftlichen und planerischen Aspekten sind natürlich auch die Fertigungsverfahren von zentraler Bedeutung. Wenn du zum Beispiel eine Motorhaube aus einem Blech formst (Umformtechnik), musst du wissen, wie du die Materialeigenschaften optimal ausnutzen kannst (Werkstoffkunde). Weitere spannende Verfahren wie Fräsen, Schweißen, Drehen oder Stanzen (Werkzeugtechnik) kommen zur Bearbeitung des Rohmaterials zum Einsatz. Dafür müssen die notwendigen Maschinen vorhanden sein und richtig eingestellt werden.

Auch das Zusammensetzen der einzelnen Teile ist eine echte Herausforderung (Montagetechnik). In der Massenproduktion sollte dieser Prozess, wenn möglich, automatisiert werden, um (Lohn-)Kosten zu sparen und die Effizienz zu steigern.

Produktionstechnik ist ein spannendes Feld, das dir eine Vielzahl faszinierender Themen bietet. Du wirst lernen, wie du innovative Fertigungsverfahren effektiv nutzen kannst, um unterschiedlichste Produkte zu entwickeln. Dabei wirst du modernste Technologien und Maschinen kennenlernen.

Elektrotechnik

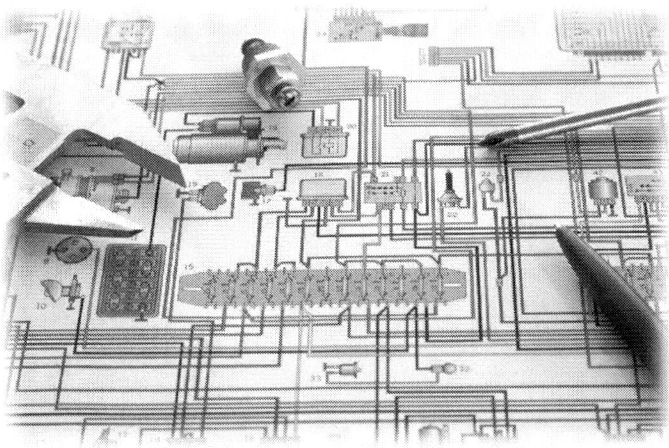

Die Elektrotechnik ist überall um uns herum und befasst sich mit den physikalischen Zusammenhängen all der Dinge, die mithilfe elektrischer Energie funktionieren. Während die Physik hauptsächlich die theoretischen Grundlagen liefert, versuchen die Ingenieurwissenschaften, aus dem Phänomen der Elektrizität praktischen Nutzen zu ziehen und Technologien zu entwickeln, die unser Leben verbessern.

Sicherlich haben sich viele von uns schon mal gefragt: Was genau ist eigentlich Strom? Er scheint etwas Unfassbares oder sogar Magisches an sich zu haben, dabei ist er letztendlich nichts anderes als ein faszinierendes Naturphänomen. Ein elektrischer Strom fließt stets aufgrund einer elektrischen Spannung, was auf den ersten Blick vielleicht schwer greifbar erscheint. Dennoch ist es dieses geheimnisvolle Phänomen, das die moderne Welt am Laufen hält und ständig neue Möglichkeiten eröffnet.

Man könnte einen prall gefüllten Luftballon als anschauliches Beispiel verwenden, um den Zusammenhang zwischen Strom, Spannung und Widerstand zu erklären.

Der Luftballon steht unter Spannung, was bedeutet, dass im Inneren ein höherer Luftdruck herrscht als in der Umgebung. Wenn wir nun ein Loch in den Ballon stechen, strömt die Luft nach außen, um das Ungleichgewicht auszugleichen. Dieses Naturphänomen lässt sich auch auf andere Situationen übertragen, wie zum Beispiel bei einer Wasserpumpe oder eben bei elektrischem Strom. In diesem Fall entspricht die elektrische Spannung dem Luftdruck und der elektrische Strom dem Luftstrom. Der Unterschied besteht jedoch darin, dass bei der elektrischen Spannung ein Ungleichgewicht von Elektronen vorliegt, und nicht ein Druckunterschied wie bei Luft. Je höher die Spannung, desto „stärker" der Strom. Allerdings wird der Strom durch Widerstände gebremst, wodurch seine Stärke wieder abnimmt.

Im Luftballon-Beispiel entspricht der Widerstand der Größe des Lochs. Das bedeutet: Je kleiner das Loch, desto geringer ist der Luftstrom und desto länger dauert es, bis der Ballon seine Luft verloren hat. Der Widerstand für den Luftstrom ist also größer, wenn das Loch im Ballon kleiner ist.

Dieser Zusammenhang lässt sich auch auf den elektrischen Strom übertragen und in einer Formel ausdrücken, die durch das Luftballon-Beispiel leichter verständlich wird: I steht für den elektrischen Strom, U für die Spannung und R für den Widerstand. Der Zusammenhang lässt sich wie folgt darstellen:

$$U = R \cdot I$$

In der Elektrotechnik ist diese Formel bzw. dieser physikalische Zusammenhang als *Ohmsches Gesetz* bekannt. Es zeigt, dass der elektrische Strom proportional zur Spannung und umgekehrt proportional zum Widerstand ist. Das bedeutet, bei einer höheren Spannung fließt ein stärkerer Strom, während ein größerer Widerstand den Stromfluss reduziert.

Das bedeutet, dass der Stromfluss vom Widerstand beeinflusst wird. Nehmen wir an, du steckst eine Lampe mit einem Gesamtwiderstand von *50 Ohm* in eine Steckdose mit einer Spannung von *230 Volt*. In diesem Fall fließt ein Strom von *4,6 Ampere*. *Ohm, Volt* und *Ampere* sind die üblichen Einheiten für Widerstand, Spannung und Strom.

Wenn du dich mit Elektronik auskennst, weißt du, dass *4,6 Ampere* für eine Lampe ziemlich viel sind und solche hohen Stromwerte eher bei Autoscheinwerfern zu finden sind. Die elektronischen Komponenten in der Lampe enthalten zusätzliche interne Schaltungen und Widerstände, an denen ein Teil des Stroms abfällt. Dies führt dazu, dass der tatsächlich fließende Strom in der Lampe geringer ist als die anfänglichen *4,6 Ampere*.

Durch das Verständnis des Ohmschen Gesetzes und der Zusammenhänge zwischen Spannung, Strom und Widerstand kannst du besser nachvollziehen, wie elektrische Schaltungen funktionieren und wie du sie effizienter gestalten kannst. In folgender Abbildung ist ein Beispiel für eine Schaltung dargestellt:

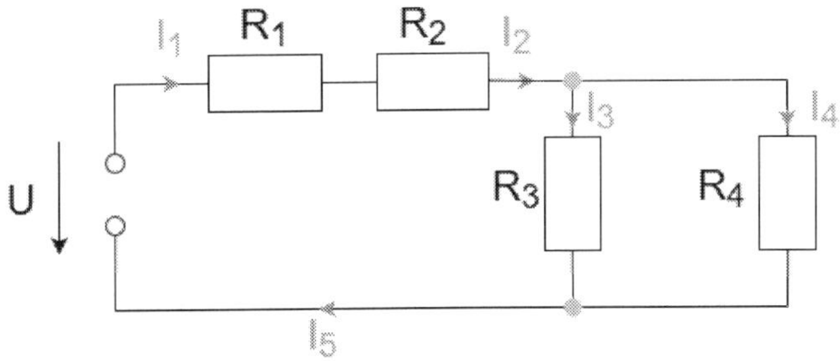

In der Schaltung fließt ein Strom im Uhrzeigersinn (die sogenannte technische Stromrichtung, mit der gerechnet wird. Physikalisch fließt der Strom gegen den Uhrzeigersinn). Der Strom entsteht durch die Spannung: die zwei kleinen Kreise im Bild repräsentieren eine Spannungsquelle, also beispielsweise eine Steckdose. Wird nun etwas an die Steckdose gehängt, entsteht ein Strom, sofern ein Widerstand vorhanden ist. Jeder Verbraucher wie die erwähnte Lampe hat einen eigenen Widerstand.

Würden wir etwas ohne Widerstand an die Spannungsquelle hängen, dann entsteht ein Kurzschluss. Ein Widerstand ist eigentlich immer vorhanden, aber er kann sehr klein sein. Auch ein Kabel hat einen eigenen kleinen Innenwiderstand, der vom Material abhängt. Man erkennt auch an der ohmschen Gleichung, dass ein sehr kleiner Widerstand für einen sehr hohen Strom sorgt. Wir teilen die Spannung aus der Steckdose *230 V* durch einen sehr kleinen Wert, z.B. *0,001 Ohm* - Kurzschluss und die Sicherung fliegt raus.

$$I = \frac{U}{R}$$

Wir erkennen anhand der Pfeile in der vorherigen Abbildung, wo der Strom langfließt und wo er sich teilt. Er fließt also im Uhrzeigersinn, durchfließt zunächst R_1 und R_2 und ist danach immer noch gleich. Also I_1 und I_2 sind gleich - dort teilt sich nichts. Aber I_2 teilt sich auf in I_3 und I_4 und werden zusammen wieder I_5, der wieder so groß wie I_2 sein muss – was aus der Spannungsquelle (Steckdose) herausfließt, fließt auch wieder hinein.

Die Elektrotechnik ist auch im Maschinenbau sehr wichtig, da es nur noch sehr wenige Maschinen gibt, die gänzlich ohne Strom auskommen. Um noch tiefer in den elektrischen Stromkreis und seine Regeln einzutauchen, möchte ich ein weiteres Analogbeispiel hinzuziehen, einen Wasserkreislauf. Um das Wasser in Bewegung zu setzen, also eine Strömung zu erzeugen, könnte man Pumpen nutzen. In der elektrischen Schaltung wären das die Spannungsquellen, beziehungsweise in unserem nächsten Beispiel haben wir nur eine einzelne Quelle (*U*). Zwischen den Polen (also den beiden Kringeln) der Quelle bildet sich der Druckunterschied. Die Spannung ist also so etwas wie der Pumpendruck, der das Wasser zum Strömen bringt.

Widerstände können wir mit Wasserrädern vergleichen. Wasserräder können verschieden schwer sein, also einen unterschiedlichen Widerstand für das Wasser besitzen. Je höher dieser Widerstand ist, desto mehr Druck braucht die Pumpe, damit das Wasser durchfließt. Ein Widerstand verlangsamt also den Wasserkreislauf, also wird der Wasserstrom verlangsamt. An diesem Beispiel wird dir auch der Sinn der Widerstände (Wasserräder) klar. Die Strömung wird genutzt, um die Strömungsenergie in eine andere Energieform umzuwandeln. Beim Wasserrad also Rotationsenergie, da sich das Wasserrad durch die Strömung anfängt zu drehen. Im elektrischen Fall wird elektrische Energie beispielweise in Wärmeenergie umgewandelt, zum Beispiel bei einem Elektroherd über Heizwiderstände.

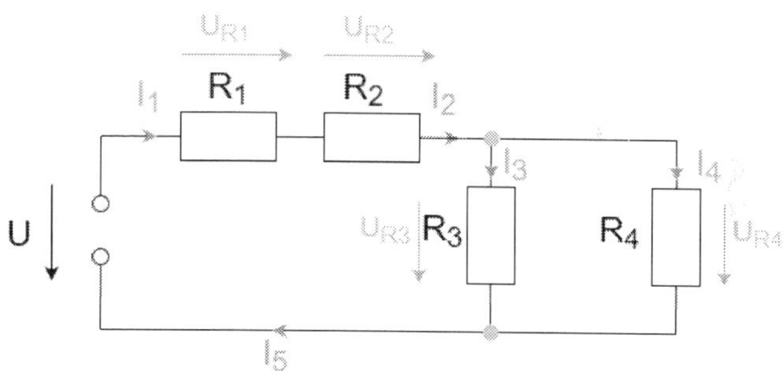

Über jedem Widerstand fällt eine Spannung ab. Wir benennen die Spannungen U_{R1} bis U_{R4}. Bei Bauteilen, die Energie verbrauchen, ist die Richtung der Spannung gleich der des Stroms, der diese durchfließt.

$I = U/R$ => Wir stellen unsere Gleichung nach I um und sehen: Je mehr Wasserräder R wir einbauen und je schwerer (widerstandsfähiger) diese sind, desto geringer ist der Gesamtstrom!

Das Wasser fließt durch zwei Wasserräder R_1 und R_2, wobei aber die gleiche Wassermenge wieder herauskommen muss, also ist I_1 gleich I_2. I_2 teilt sich nun aber wieder in I_3 und I_4 auf: Der Wasserstrom teilt sich auf und es fließen Teilströme durch die „Wasserräder" R_3 und R_4. Der Wasserstrom sucht sich dabei den Weg des geringsten Widerstandes. Das heißt, dass mehr Wasser durch den Zweig fließt, bei dem das Wasserrad leichter ist, also das Wasser weniger Druck aufbringen muss, um durchzufließen. Wenn also beide Widerstände gleich groß sind, sind auch die beiden Teilströme gleich groß. Nach der Aufteilung fließen die beiden Teil(Wasser-)ströme wieder zusammen zu I_5. Da kein Wasser verloren gegangen ist, ist dieser Strom wieder genauso groß wie I_3 und I_4 zusammen.

Wenn man dieses Prinzip verstanden hat, hat man schon eine Grundregel bei der Berechnung von elektrischen Netzwerken gelernt: Die sogenannte **Knotenregel**. An jeder Abzweigung, also wenn sich Ströme teilen, entspricht die Summe der eingehenden Ströme der Summe der ausgehenden Ströme.

Maschenregel

Als zweite wichtige Grundregel neben der Knotenregel betrachten wir nun die sogenannte Maschengleichung. Hierbei geht es nicht um Ströme, die fließen, sondern um abfallende Spannungen. An jedem Widerstand im Netzwerk fällt eine Spannung ab. Mit unserem Wasserbeispiel wird das ganze deutlich: Der Druck, den die Pumpe erzeugt (unsere Spannungsquelle *U*), wird aufgeteilt auf die Wasserräder. An jedem Wasserrad brauchen wir ein Teil des Gesamtdrucks, damit es sich dreht. Wenn wir alle Wasserräder betrachten, muss der Druck über alle Räder in einem Kreis zusammengerechnet gleich mit dem Druck der Pumpe sein. Einen einzelnen Kreis nennen wir „Masche".

Mathematisch betrachtet bedeutet das: Die Summe aller Spannungen innerhalb einer Masche ist gleich Null. Spannungsquellen bekommen dabei ein negatives Vorzeichen. Für die Widerstände nehmen wir also die Spannungsrichtung des durchfließenden Stroms. So gilt für Masche 1 beispielsweise: $-U + U_{R1} + U_{R2} + U_{R4} = 0$

Der Maschensatz besagt also: Die Spannungen, die über die Widerstände abfallen, ergeben in einem Kreis (Masche) zusammengerechnet die Spannungen, die erzeugt werden (durch Spannungsquellen). Erzeugerspannungen sind also gleich Verbraucherspannungen.

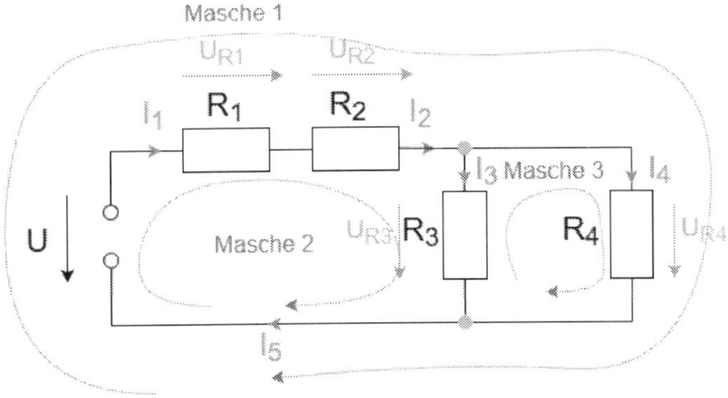

Maschen in unserem Beispielnetzwerk: In jedem „Fenster“ des Netzwerks gilt der Maschensatz.

Beispielgleichungen

Wir können somit die folgenden drei Gleichungen aufstellen. Die Vorgehensweise dazu ist, dass wir in Pfeilrichtung der Masche jeden Verbraucher und Erzeuger „abklappern“. Wo wir dabei anfangen, ist nicht wichtig. Bei den Widerständen denken wir uns eine abfallende Spannung (grün gezeichnet) in Richtung des durchfließenden Stroms. Wir vergleichen also die Richtung der Teilspannung mit der Richtung der Masche und notieren die Teilspannung als positiv, wenn die Richtungen übereinstimmen und als negativ, wenn die Spannungsrichtung entgegengesetzt der Masche verläuft. Abschließend setzen wir die Summe der Spannungen gleich Null.

Masche 1: $-U + U_{R1} + U_{R2} + U_{R4} = 0$
Masche 2: $-U + U_{R1} + U_{R2} + U_{R3} = 0$

Masche 3: $-U_{R3} + U_{R4} = 0$

Ersatzwiderstände in Schaltkreisen bestimmen

Um den Gesamtstrom des Netzwerks zu bestimmen, brauchen wir den sogenannten Ersatzwiderstand. Dieser beschreibt den Gesamtwiderstand des kompletten Netzwerks. Die Gesamtspannung haben wir schon, das ist U (U hat keinen konkreten Wert wie beispielsweise *3 Volt*, sondern dient nur als Platzhalter für irgendeinen Spannungswert. In der Uni wird mit Variablen gerechnet, um die aufgestellten Gleichungen möglichst allgemeingültig zu halten).

Nach unserer Formel ist $I = U/R$ (die Gleichung wurde nach I umgestellt). Nach der Formel fehlt uns also R, und das ist der angesprochene Gesamtwiderstand. Der Strom I, ausgehend von der Spannungsquelle, fließt durch alle Widerstände. Also, wie lassen sich R_1 bis R_4 jetzt zusammenfassen? R_1 und R_2 sind in Reihe zueinander geschaltet, das ist einfach. Der Ersatzwiderstand ist einfach $R_1 + R_2$. An der Stelle, wo sich der Strom teilt, werden einfach die Kehrwerte addiert (hier spricht man von einer Parallelschaltung der Widerstände R_3 und R_4, denn der Strom teilt sich). Damit hätten wir die Ersatzwiderstände R_{12} und R_{34}, die nun in Reihe zueinander geschaltet sind und somit auch wieder einfach nur addiert werden. Anschaulich betrachtet sieht das Ganze nun so aus: Das Zeichen „||" bedeutet, dass die Widerstände parallel geschaltet sind.

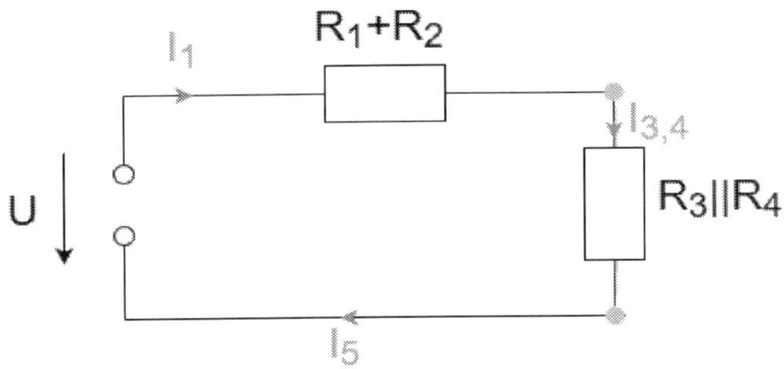

In einer Parallelschaltung gilt:

$$\frac{1}{R_3||R_4} = \frac{1}{R_3} + \frac{1}{R_4}$$

Das stellen wir um nach $R_3 \,||\, R_4$:

$$\frac{R_3 \cdot R_4}{R_3||R_4} = R_3 + R_4$$

$$R_3||R_4 = \frac{R_3 \cdot R_4}{R_3 + R_4}$$

Das Ergebnis können wir anschließend in R_{Gesamt} einsetzen:

$$R_{Gesamt} = R_1 + R_2 + R_3||R_4$$

$$\rightarrow R_{Gesamt} = R_1 + R_2 + \frac{R_3 \cdot R_4}{R_3 + R_4}$$

Nun haben wir also den Gesamtwiderstand. Das Ergebnis ist kein konkreter Wert, sondern ist abhängig von den einzelnen Widerständen. Je nachdem, wie viel Ohm R_1 bis R_4 besitzen, ändert sich das Ergebnis.

Unser Ziel war es, den Gesamtstrom zu bestimmen. Das gelingt uns jetzt, da wird den Widerstandswert wissen. Unser Gesamtstrom ist:

$$I_{Gesamt} = \frac{U_{Gesamt}}{R_{Gesamt}}.$$

Eingesetzt erhalten wir also:

$$I_{Gesamt} = \frac{U}{R_1 + R_2 + \frac{R_3 \cdot R_4}{R_3 + R_4}}$$

Es gibt noch viele weitere Thematiken wie elektrische Felder oder Magnetfelder in der Elektrotechnik, aber der Einstieg in die E-Technik und die absolute Grundlage ist immer der Ohm'sche Spannungskreis.

Mechatronik

Mechatronik ist eine spannende, aufstrebende Disziplin, die sich aus verschiedenen Fachgebieten zusammensetzt. Sie ist das Ergebnis des wachsenden Einsatzes von Elektronik und Computertechnologie in der modernen Welt.

Der Begriff „Mechatronik" leitet sich aus Mechanik, Elektrotechnik und Informatik ab und vereint diese Bereiche in einem interdisziplinären Studium. Das bedeutet, dass du im Laufe deines Studiums sowohl anspruchsvolle Themen aus den Bereichen Maschinenbau, Elektrotechnik als auch Informatik meistern musst. Ohne eine solide Vorbildung kann es daher empfehlenswert sein, zunächst eine grundlegende Disziplin wie Maschinenbau oder Elektrotechnik zu studieren.

Ähnlich verhält es sich mit dem Studiengang Wirtschaftsingenieurwesen (WiIng), bei dem Betriebswirtschaftslehre mit Maschinenbau oder Elektrotechnik kombiniert wird. Doch denke nicht, dass es für WiIng-Studierende spezielle, eigene Vorlesungen gibt. An vielen Universitäten bekommen sie ein reduziertes Programm aus Maschinenbau oder Elektrotechnik und BWL. Da es thematische Überschneidungen innerhalb der Maschinenbauvorlesungen gibt, haben Maschinenbau-Studierende oft einen Vorteil gegenüber den WiIngs. In der Regel verfügen sie über mehr Vorkenntnisse aus anderen technischen Vorlesungen, um beispielsweise den Mechanik-Stoff zu verstehen.

Studiengänge, die mehrere Disziplinen kombinieren, können also besonders herausfordernd sein, da anspruchsvolle Themen aus verschiedenen einzelnen Studiengängen miteinander verknüpft werden.

Nachwort

Na dann, blicken wir voller Begeisterung und Zuversicht in die Zukunft! Ich hoffe wirklich, dass dein Start ins Ingenieurstudium erfolgreich verläuft und ich konnte möglicherweise einige Zweifel ausräumen. Denk daran, wenn du es nicht versuchst, wirst du nie herausfinden, ob du das Zeug zum Ingenieur hast oder nicht. Indem du die Tipps aus dem Buch befolgst, sollte dein Ziel durchaus erreichbar sein.

Wie schon gesagt, beim Ingenieurstudium geht es vor allem um Fleiß und Durchhaltevermögen, und du brauchst nicht unbedingt außergewöhnliche intellektuelle Fähigkeiten. Setze klare Ziele und konzentriere dich zunächst auf die anspruchsvollen Fächer, um sie erfolgreich zu meistern. Danach kannst du dich in Ruhe den leichteren Aufgaben widmen. Aber denk dran, „schwierig" ist ziemlich subjektiv – sobald du die Mathe-Sprache beherrschst, werden selbst die kompliziertesten Themen wesentlich einfacher.

Also, wage den Schritt und melde dich für ein technisches Studium an! Lass dich nicht von Dozenten, Inhalten oder Kommilitonen einschüchtern, sondern verfolge zielstrebig dein Ziel, ein erfolgreicher Ingenieur zu werden! Deine Zukunft wartet auf dich.

Viel Erfolg!

Literaturempfehlungen

Falls du Schwierigkeiten hast, den Vorlesungen zu folgen und die Inhalte zu verstehen (was überhaupt keine Schande ist und eher die Regel als die Ausnahme ist), gibt es eine Menge empfehlenswerter Bücher. Das selbstständige Durcharbeiten eines Buches ist sogar effektiver, als passiv in einer Vorlesung zu sitzen und sich berieseln zu lassen – allerdings erfordert es auch mehr Engagement und Disziplin von dir.

Dirk Labuhn, Oliver Romberg

Keine Panik vor Thermodynamik! Erfolg und Spaß im klassischen „Dickbrettbohrerfach" des Ingenieurstudiums

Ein humorvoll geschriebenes und alltagsbezogenes Buch über Thermodynamik. Trotz der lockeren Darstellungsweise bleibt das Buch fachlich präzise und korrekt.

Dietmar Gross, Wolfgang Ehlers et al.:

Formeln und Aufgaben zur Technischen Mechanik 1: Statik

Dietmar Gross, Wolfgang Ehlers et al.:

Formeln und Aufgaben zur Technischen Mechanik

2: Elastostatik

Dietmar Gross, Wolfgang Ehlers et al.:

Formeln und Aufgaben zur Technischen Mechanik 3: Kinetik, Hydrodynamik

Diese Bücher bereiten dich gezielt auf die Mechanik-Prüfungen I-III vor. Sie enthalten jeweils um die 150 sinnvoll aufgearbeitete Beispielaufgaben.

Lothar Papula:

Mathematik für Ingenieure und Naturwissenschaftler - Klausur- und Übungs-aufgaben: 632 Aufgaben mit ausführlichen Lösungen zum Selbststudium und zur Prüfungsvorbereitung

Praktisch für die Mathematikklausuren I–IV. Die systematische Klausurvorbereitung anhand früherer Prüfungsaufgaben und Kontrollaufgaben gibt Sicherheit in der Prüfung und macht deutlich, wo im Vorfeld zur Klausur Lücken geschlossen werden müssen. Alle Klausur- und Übungsaufgaben sind Schritt für Schritt durchgerechnet.

Vielen Dank, dass Sie unser Buch gelesen haben. Wir sind ein kleiner Verlag und freuen uns über Feedback, Anregungen und Kritik. Kontaktieren Sie uns gerne dazu unter:

info@schinken-verlag.de

Wir schätzen Ihre Meinung und freuen uns, wenn Sie auch in Zukunft unsere Bücher lesen werden.

Printed in Poland
by Amazon Fulfillment
Poland Sp. z o.o., Wrocław

68931055R00097